SH/T 3501—2021《石油化工有毒、可燃介质钢制管道工程施工及验收规范》应用指南

SH/T 3501—2021《石油化工有毒、可燃介质
钢制管道工程施工及验收规范》编制组　编
石油化工工程质量监督总站

中国石化出版社

内 容 提 要

本书对 SH/T 3501—2021《石油化工有毒、可燃介质钢制管道工程施工及验收规范》条文的形成、目的、依据以及执行中应注意的事项进行了详细释义，针对施工现场应用较多的条文进行了举例说明，主要内容包括标准的形成、适用范围和规范性引用文件、术语和基本规定、管道分级、到货验收、阀门试验、管道预制及安装、管道焊接、无损检测、管道系统试验、施工过程技术文件和交工技术文件。

本书可供建设单位工程项目管理人员、管道设计人员、监理工程师、施工单位技术人员和质量检查人员、工程质量监督工程师参考阅读，并为 SH/T 3501—2021 使用者理解和把握标准条文提供参考。

图书在版编目(CIP)数据

SH/T 3501—2021《石油化工有毒、可燃介质钢制管道工程施工及验收规范》应用指南 / SH/T 3501—2021《石油化工有毒、可燃介质钢制管道工程施工及验收规范》编制组，石油化工工程质量监督总站编. — 北京：中国石化出版社，2022

ISBN 978-7-5114-6814-7

Ⅰ. ①S… Ⅱ. ①S… ②石… Ⅲ. ①石油化工-管道工程-工程施工-规范-中国-指南②石油化工-管道工程-工程验收-规范-中国-指南 Ⅳ. ①TE65-65

中国版本图书馆 CIP 数据核字(2020)第 145826 号

未经本社书面授权，本书任何部分不得被复制、抄袭，或者以任何形式或任何方式传播。版权所有，侵权必究。

中国石化出版社出版发行

地址:北京市东城区安定门外大街 58 号
邮编:100011 电话:(010)57512500
发行部电话:(010)57512575
http://www. sinopec-press. com
E-mail:press@ sinopec. com
北京艾普海德印刷有限公司印刷
全国各地新华书店经销

*

787×1092 毫米 16 开本 7. 75 印张 140 千字
2022 年 11 月第 1 版 2022 年 11 月第 1 次印刷
定价:98. 00 元

SH/T 3501—2021《石油化工有毒、可燃介质钢制管道工程施工及验收规范》应用指南编审委员会

主　　编：翁必生

编写人员：（按章节顺序）

张桂红　宋纯民　陈永亮　姜万军

吉章红　胡联伟

审查人员：丘　平　葛春玉　王　蔚　包忠裕

赵恩文　李跃进　赵子萱

序

近年来，随着我国经济建设的快速发展和人民生活水平的日益提高，石油化工各项产品广泛应用于国民经济、人民生活、国防科技等各个领域。在践行绿色发展理念的同时，石油化工行业进入了高速发展阶段，促进石油化工工程的高质量发展成为保障国民经济发展、提高人民生活质量的重要任务。

石化行业工艺复杂，管道的材质、规格众多，其中钢制管道是石化工程的重要组成部分，且普遍长期运行在高温、高压、有毒、可燃的介质环境中，安全生产形势尤为严峻。在建设过程中存在的隐患会导致泄漏、开裂、腐蚀等质量安全问题，难以保证生产的“安稳长满优”，甚至引发中毒、火灾、爆炸等生产安全事故，危害人民生命财产安全，对社会产生不良影响。因此，做好钢制管道的施工和验收工作，是实现石油化工工程高质量发展的重要路径。

石化行业管道具有内部介质较危险、运行操作条件较恶劣、施工技术要求较严格的特点，决定了管道工程施工及验收的内容繁杂、要求精细，这极大地增加了管道工程的管理难度。SH/T 3501—2021《石油化工有毒、可燃介质钢制管道工程施工及验收规范》针对石化钢制管道工程施工及验收制定了较为系统的规范和要求，自发布以来，得到了业内人员的广泛好评。

为帮助读者进一步理解标准条文，由 SH/T 3501—2021《石油化工有毒、可燃介质钢制管道工程施工及验收规范》编制组和石油化工工程质量监督总站编写了《SH/T 3501—2021〈石油化工有毒、可燃介质钢制管道工程施工及验收规范〉应用指南》一书。该书基于标准原文，参考引用 GB 50517—2010《石油化工金属管道施工质量验收规范》、ASME B31.3－2020《工艺管道》等国内外标准要求，对 SH/T 3501—2021《石油化工有毒、可燃介质钢制管道工程施工及验收规范》中的条文内容及控制要点进行了详细解析，据此为更好地应用此标准提供了科学的指导。

该书凝聚了来自设计、施工、监理、监督等单位近十名专家多年积累的丰富理论与实践经验，是近年来难得的系统全面地阐述石化行业管道工程的应用型工具书，对保障石化行业绿色安全低碳、高质量和良性发展具有重要参考价值，将助力石化行业管道工程管理水平的全面提升。

中国石油化工集团有限公司 吴文信
工程部总经理

前　　言

石油化工行业标准SH/T 3501—2021《石油化工有毒、可燃介质钢制管道工程施工及验收规范》是国内石油化工行业管道工程施工及验收的重要标准，也是应用最多、应用范围最广的管道标准之一，在工程建设领域有着举足轻重的地位，为保证工程建设中有毒、可燃介质管道的施工质量起到重要作用。该标准自1985年首次发布以来，先后于1997年、2001年、2002年、2011年和2021年进行了五次修订。

根据历年来该标准在工程项目应用方面反馈的情况，在2021年版发布后，SH/T 3501—2021《石油化工有毒、可燃介质钢制管道工程施工及验收规范》编制组按章编制了该标准的应用指南，针对本次修订的管道分级、阀门试验等作了说明，特别是对现场应用最多的焊缝抽检、检验批、无损检测等问题给出了详细的举例，供使用者理解和把握标准规定参考使用。

本书编写人员如下：第一章：张桂红；第二章：宋纯民；第三章：宋纯民、姜万军；第四章：陈永亮；第五章：张桂红、宋纯民；第六章：姜万军、宋纯民、张桂红；第七章：张桂红、宋纯民；第八章：吉章红、胡联伟；第九章：胡联伟；第十章：张桂红、宋纯民、胡联伟；第十一章：张桂红。

在本书编写过程中，得到中国石化工程部的大力支持，吴文信总经理亲自为本书作序；承蒙丘平、葛春玉等专家对本书内容认真审查，在此一并表示感谢！

目　　录

第一章　标准的形成

石油化工工程建设分为上游(油气田工程)和下游(石油天然气加工工程)两个板块，上游部分执行石油天然气标准，下游部分执行炼油和石油化工标准。石油化工工程建设标准可分为炼油工程和石油化工工程两类标准，但对于工业管道施工验收标准来说，炼油工程和石油化工工程基本上是执行同一标准。

在石油化工标准体系中，装置内工业管道施工的验收标准主要有国家标准 GB 50517—2010《石油化工金属管道工程施工质量验收规范》(2022 年版)和石油化工行业标准 SH/T 3501—2021《石油化工有毒、可燃介质钢制管道工程施工及验收规范》(以下简称本标准)。GB 50517—2010《石油化工金属管道工程施工质量验收规范》(2022 年版)的适用范围广，适用于石油化工行业所有的金属管道，而本标准只适用于介质为有毒、可燃的钢制管道。本标准自 1985 年发布以来，已应用多年，对工程建设中有毒、可燃介质钢制管道工程施工的质量控制起到了积极有效的作用，而且已被越来越多的行业和业主使用和认可。

一、形成过程

我国石油化工工程建设行业起步于 20 世纪 50 年代。当时的工程建设是在苏联援助下开展的，管道施工基本上由苏联专家指导，执行的也是苏联的相关标准，TY 8100-50《高压管道焊接技术条件》就是当年执行的标准之一。20 世纪 60 年代，我国逐渐开始突破苏联技术标准的限制，起步编制符合我国国情的管道施工标准。吉林化学工业公司主编的《中低压管道施工及验收规范》于 1965 年 1 月定稿。化学工业部基本建设总局于 1967 年 2 月 9 日批准制定 HGJ 605—67《高压管道焊接技术规程(试行)》。同时，于 1967 年 5 月 24 日批准由第十二化建公司等单位组成的“高压管件联合设计研究组”制定 H1～31—67《高压管、管件及紧固件通用设计》。这些标准的出台摆脱了新中国成立以来苏联标准的束缚，开创了我国自己制定标准的发展道路。

20 世纪 70 年代，中国石油化学工业部委托中国石油化工总公司兰州化学工业公司化工建设公司(以下简称兰化化建公司)对管道施工及验收规范进行编制。1975 年 5 月 16 日，石油化学工业部批准颁发了炼化建 501—74《高压钢制管道施工及验收技术规范(试行)》和炼化建502—74《中低压管道施工及验收技术规范(试行)》。另外，相继又颁发了炼化建601—74《碳素钢、低合金钢和耐热钢焊接施工及验收技术规程(试行)》、炼化建602—74《奥氏体不锈钢焊接施工及验收技术规程(试行)》、炼化建603—74《铝及铝合金焊接施工及验收技术规程(试行)》、炼化建604—74《黄铜熔焊及黄铜、紫铜钎焊施工及验收技术规程(试行)》和炼化建002—74《脱脂施工及验收技术规程(试行)》等标准。这一系列标准的制定，使我国工程建设的管道施工终于走上有法可依、有章可循的规范化管理道路。

1983年，中国石油化工总公司成立后，开始着手编制石油化工行业的标准。中国石油化工总公司颁发《中国石油化工总公司工程建设标准规范暂行管理办法》，并以“(84)中石化建标字第002号”下发“执行《全国工程建设标准设计管理办法》的通知”，规定中国石油化工总公司颁发的标准代号为SHJ，标准设计的代号为SHJT。基于石油化工装置管道内部介质危险、操作和施工要求较严格等特点，中国石油化工总公司安排由兰化化建公司负责编写适用于有毒、可燃介质管道的施工及验收规范。1985年7月30日，SHJ 501—85《石油化工剧毒、易燃、可燃介质管道施工及验收规范》由中国石油化工总公司以“中石化(85)建字36号”发布，自1985年12月1日起实行。该标准的主编单位是兰化化建公司，主编人是许霖苍。

SHJ 501—85《石油化工剧毒、易燃、可燃介质管道施工及验收规范》对20世纪80年代工程建设的剧毒、易燃、可燃管道施工起到了举足轻重的作用。经过10年的应用，1995年兰化化建公司根据“九五”期间制(修)订计划(草案)要求，对SHJ 501—85《石油化工剧毒、易燃、可燃介质管道施工及验收规范》进行修订。兰化化建公司结合当时国内国外工程建设领域科技进步的成果、工程实践经验的总结和中国石油化工总公司关于工厂设计室改革的要求，认真调查研究，将切实可行、技术先进的内容纳入标准，使标准的技术水平适应石油化工工程建设的需要。1997年10月30日，中国石油化工总公司以“中石化(1997)建字592号”批准SHJ 3501—1997《石油化工剧毒、可燃介质管道工程施工及验收规范》，自1998年5月1日起实施，SHJ 501—85《石油化工剧毒、易燃、可燃介质管道施工及验收规范》同时废止。

随着科学技术的不断发展和相关法规、标准规范的相继发布和实施，为了适应变化，《石油化工剧毒、易燃、可燃介质管道施工及验收规范》也在不断修订和完善，先后于2001年和2002年进行了补充和修订，2011年、2021年分别进行了第4次、第5次修订。标准的名称、适用范围等也在不断修改，最后形成了现在的名称、编号和适用条款。2002年版将适用介质的范围扩大到

GB 5044《职业性接触毒物危害程度分级》中包括的所有致毒性流体，名称也由1997年版的《石油化工剧毒、可燃介质管道工程施工及验收规范》改为《石油化工有毒、可燃介质钢制管道工程施工及验收规范》。这里的“有毒”是指毒性危害程度为极度危害、高度危害、中度危害和轻度危害，“可燃”包括了易燃、可燃。

随着石油化工装置的大型化，以及管道工程工厂化和模块化的发展，2011年版标准在其应用的几年中，中国石化施工技术淄博站（青岛站）收到了大量关于该标准的问题，该站都及时进行了回复。为了使该标准更好地适应石油化工工程建设的需要，根据“工业和信息化部办公厅关于印发2019年第二批行业标准制修订项目计划的通知”（工信厅科函〔2019〕195号）的要求，由中石化第十建设有限公司会同中石化第五建设有限公司、中国石化工程建设有限公司和石油化工工程质量监督总站共同对SH 3501—2011《石油化工有毒、可燃介质钢制管道工程施工及验收规范》进行修订，经过多次讨论研讨，最终形成SH/T 3501—2021《石油化工有毒、可燃介质钢制管道工程施工及验收规范》。

2019年12月30日至31日，中国石油化工集团有限公司工程部主持召开行业标准SH 3501—2011《石油化工有毒、可燃介质钢制管道工程施工及验收规范》修订启动会。会议听取了编制单位前期准备工作汇报，讨论了标准主要修订内容，落实了编制分工，确定了修订进度计划。主要修改内容包括：管道分级、材料验收、管道焊接及热处理、气体泄漏性试验、法兰接头紧固、工程应用关注点的说明等。

2020年7月6日，中国石油化工集团有限公司工程部以“中国石化建设函〔2020〕30号”下发“关于行业标准《石油化工有毒、可燃介质钢制管道工程施工及验收规范》征求意见的通知”，在网上征求意见，共收到来自6个单位的157条意见及建议。经SH/T 3501编制组研究采纳60条，不采纳67条，需要专家讨论确定的有30条。

2020年11月11日至13日，中国石油化工集团有限公司工程部召开了《石油化工有毒、可燃介质钢制管道工程施工及验收规范》送审稿审查会。会议听取了SH/T 3501编制组对标准制定情况和征求意见的说明，从结构层次、技术内容、文字表述及与相关标准的协调性等方面对标准进行了全面审查。会议通过该送审稿的审查，同时提出需要修改的意见和建议。

2020年12月22日至24日，中国石油化工集团有限公司工程部召开了标准报批稿审查会。与会代表对标准报批稿条文进行了全面审查，对标准用词进行了专业审查。SH/T 3501编制组根据会议精神对标准条文进行了修改，并逐条进行了复核，于 2021 年 1 月完成了上报稿。

本标准是在 2011 年版的基础上，合并 SH/T 3517—2013《石油化工钢制管道工程施工技术规程》和 SH/T 3546—2011《石油化工夹套管施工及验收规范》的相关内容修订而成，修订的主要技术内容是：

a）调整了管道分级。

b）增加了阀门检验、试验及验收的内容。

c）增加了夹套管施工及验收的内容。

d）修订了管道组成件焊前预热和焊接接头热处理要求。

e）增加了支管座焊接要求。

f）增加了管道焊接无损检测的方法和标准。

g）修订了气体泄漏性试验要求。

本标准符合国家《建设工程安全生产管理条例》《建设工程质量管理条例》《特种设备安全监察条例》等行政法规，以及 TSG 07—2019《特种设备生产和充装单位许可规则》、TSG D0001《压力管道安全技术监察规程——工业管道》、TSG ZF001—2006《安全阀安全技术监察规程》等标准的要求，并能够与现行的相关标准特别是 GB/T 20801—2020《压力管道规范工业管道》的内容协调一致。

本标准发布后，SH/T 3517—2013《石油化工钢制管道工程施工技术规程》、SH/T 3546—2011《石油化工夹套管施工及验收规范》同时废止。

二、相关标准

本标准适用于石油化工工程中设计压力不大于 42MPa，设计温度-196~850℃的有毒、可燃介质钢制管道工程的施工及验收，不适用于长输管道和城镇燃气管道工程的施工及验收。

常用的涉及有毒、可燃介质工业管道(除动力管道外)的施工标准及其适用范围见表 1-1。

表 1-1　常用的工业管道施工标准及其适用范围

序号	标准号	标准名称	适用范围
1	SH/T 3501—2021（本标准）	石油化工有毒、可燃介质钢制管道工程施工及验收规范	适用于石油化工工程中设计压力不大于 42MPa，设计温度-196~850℃的有毒、可燃介质钢制管道工程的施工及验收，不适用于长输管道和城镇燃气管道工程的施工及验收

续表

序号	标准号	标准名称	适用范围
2	GB 50517—2010（2022 年版）	石油化工金属管道工程施工质量验收规范	适用于设计压力不大于 42MPa、设计温度不低于 -196℃的石油化工金属管道工程的施工质量验收
3	GB 50235—2010 GB 50184—2011	工业金属管道工程施工规范 工业金属管道工程施工质量验收规范	适用于设计压力不大于 42MPa，设计温度不超过材料允许的使用温度的工业金属管道工程的施工及验收
4	GB 50236—2011 GB 50683—2011	现场设备、工业管道焊接工程施工规范 现场设备、工业管道焊接工程施工质量验收规范	适用于碳素钢、合金钢、铝及铝合金、铜及铜合金、钛及钛合金（低合金钛）、镍及镍合金、锆及锆合金材料的焊接工程的施工及验收
5	GB/T 20801—2020	压力管道规范　工业管道	规定了工业金属压力管道设计、制作、安装、检验、试验和安全防护的基本要求
6	GB 50369—2014	油气长输管道施工及验收规范	适用于新建或改建、扩建的陆地长距离输送油气管道、煤气管道、成品油管道线路工程的施工及验收
7	GB 50690—2011	石油化工非金属管道工程施工质量验收规范	适用于石油化工玻璃钢管、塑料管、玻璃钢塑料复合管和钢骨架聚乙烯复合管等非金属管道工程的施工质量验收
8	GB 50540—2009（2012 年版）	石油天然气站内工艺管道工程施工规范	适用于新建或改（扩）建原油、天然气、煤气、成品油等站内工艺管道工程的施工
9	GB/T 51359—2019	石油化工厂际管道工程技术标准	适用于陆上新建、扩建和改建的石油化工厂际管道工程的设计、施工和验收，不适用于石油化工园区内建设的管道工程

从适用范围可以看出，本标准只适用于有毒和可燃介质的钢制管道。无毒和非可燃介质、除钛之外的有色金属管道、非金属管道和铸铁管道的施工，应执行国家标准 GB 50517—2010《石油化工金属管道工程施工质量验收规范》（2022 年版）、GB 50235—2010《工业金属管道工程施工规范》和 GB 50690—2011《石油化工非金属管道工程施工质量验收规范》。

目前，在工业管道中，超高压（>42MPa）管道（除气田的天然气管道外），以及表 1-1 中未列的金属管道尚无国家标准和行业标准，应执行设计指定的专门技术条件或专用标准。锅炉、工业炉、压力容器及成组设备内部的压力管道，除设备或设计文件明确规定使用有关管道施工规范外，应按设备说明书、专用技术条件或其他指定的标准施工。

三、条文说明

本标准的条文说明是为了帮助工程建设勘察、设计、施工、监理和监督部门的工程技术人员正确理解、把握标准条文。

条文说明主要对正文条款的目的、依据，以及一些上下限的取值条件、相关标准的信息、标准用词用语的含义等在执行中需注意的事项进行说明。

条文说明不具有法律效力。

四、新发布标准的执行时间

关于新发布标准的执行时间，国际上的通用做法是：按照设计文件和合同文件规定执行。如果在装置设计时，新标准还未发布，应执行原标准。若建设单位认为需要执行新的标准，应与相关方商定变更合同，并承担相应的费用。涉及安全环保的标准，鼓励执行新标准。

有时候标准发布的实施日期和正式标准的出版日期相差一段时间，在此期间原则上执行新标准。

第二章　适用范围和规范性引用文件

一、适用范围

本标准对于适用范围的规定是：适用于石油化工工程中设计压力不大于42MPa，设计温度-196～850℃的有毒、可燃介质钢制管道工程的施工及验收，不适用于长输管道和城镇燃气管道工程的施工及验收。

为便于使用者准确理解本标准的适用范围，对以下4个关键词加以说明。

1. 石油化工

随着工业技术的发展，石油化工已经从传统的以石油和天然气为原料，扩展到以石油、天然气、煤炭、页岩气等为原料，生产油品和化工产品的大型工业，包括炼油和化工。炼油以原油为主要原料，通过原油蒸馏、催化裂化、加氢裂化、石油焦化、催化重整以及炼厂气加工、石油产品精制等工艺过程，炼制汽油、煤油、柴油等液体燃料，同时生产润滑油、石蜡、沥青、油焦等石油产品，并为化工工业提供原料。化工是以原油、天然气、煤炭、页岩气等为原料，通过一定的工艺过程生产化学产品的工业，主要产品有基本有机原料（乙烯、丙烯、丁二烯、芳烃等）、合成树脂（聚乙烯、聚丙烯、聚苯乙烯、聚氯乙烯等）、合成橡胶（丁苯橡胶、顺丁橡胶、丁腈橡胶、氯丁橡胶、乙丙橡胶等）、合成纤维原料（精对苯二甲酸、乙二醇、丙烯腈、己内酰胺等）。

石油化工工程建设即通过工程设计、制造、施工等环节，建成特定的装置，从而实现相应工艺过程的全部活动。石油化工工程建设包含这些装置的新建、改建和扩建。

2. 有毒、可燃介质

石油化工装置运行和生产过程具有高温、高压、易燃、易爆、有毒、有害等特点。生产工艺的特殊性决定了石油化工工程项目建设的高标准要求。一旦出现问题，就会带来一系列严重后果，如装置停产、火灾爆炸、环境污染、人身伤亡等，后果不堪设想。因此在工程建设阶段应保证工程建设质量，为实现石油化工装置"安稳长满优"奠定坚实基础。本标准对石油化工装置中有毒、可燃介质的管道施工，有针对性地提出了专项要求；对于本标准未提及的管道施工通用要求，则仍需执行相关标准的规定。

3. 钢制管道

本标准的适用范围限定为钢制管道，主要是指碳钢及合金钢管道。

管道材料可以是金属材料，也可以是非金属材料。本标准不适用于非金属管道。

金属材料又分为黑色金属和有色金属。黑色金属有铁、锰、铬三种，钢铁工业即常说的“黑色冶金工业”。有色金属是相对黑色金属而言的。有色金属又称非铁金属，是铁、锰、铬以外的所有金属的统称。广义的有色金属还包括有色合金。石化行业中常见有色金属有铜及铜合金、铝及铝合金、锆及锆合金、钛及钛合金等。

合金钢是除铁、碳外，加入了其他的合金元素。按合金元素的含量分为低合金钢(合金元素总含量小于或等于5%)、中合金钢(合金元素总含量在5%~10%之间)、高合金钢(合金元素总含量大于或等于10%)。不锈钢属于高合金钢。

本标准所说的“钢制管道”主要是指碳钢、低合金钢、奥氏体不锈钢、双相不锈钢、低温钢、铬钼钢管道等。

4. 设计压力与设计温度

本标准2011年版对于适用范围的规定是：适用于石油化工工程中公称压力不大于*PN*420(Class2500)，设计温度-196~850℃的有毒、可燃介质钢制管道工程的施工及验收。

本次修订将“公称压力不大于*PN*420(Class2500)”改为“设计压力不大于42MPa”。一般而言，公称压力是反映材料本身特性的指标，其值等于或大于设计压力，而设计压力又大于工作压力。修订后，在本标准适用范围界定中，设计压力与设计温度并列，体现出设计优先的原则，方便使用者理解和把握本标准的适用范围。

TSG D0001《压力管道安全技术监察规程——工业管道》规定：工业管道的最高工作压力大于或等于0.1MPa(表压)且不大于100MPa。公称压力*PN*420以上的管道称为(超)高压管道。因此，本标准不适用于高压管道。

本标准设计温度的范围是-196~850℃。对于设计温度的下限而言，在常压下，液氮的沸点是-196℃，液氢的沸点是-253℃。目前，液氢管线的设计温度达到-253℃，所以本标准不包括液氢管线。对于设计温度的上限而言，本标准的设计温度限定为850℃，而GB 50517—2010《石油化工金属管道工程施工质量验收规范》没有限定设计温度的上限。

二、规范性引用文件

根据近年来标准的变化和更新，本次修订对引用的文件进行了调整。所列的规范性引用文件都是在本标准条文中引用了这些标准中的某些条款(内容)。这些被引用的条款分为两种情况：列出标准代号、顺序号、发布年份和标准名称的，标准条文中引用的文件在其修订后不再适用；只列标准代号、顺序号和标准名称而不列发布年份的，标准条文中引用的文件在其修订后仍然适用。

第三章　术语和基本规定

本标准中共有术语 11 个，与 2011 年版相比，删除了 1 个术语(压力管道)、修订了 3 个术语(检查、检验、有毒介质)、增加了 2 个术语(急性毒性、冷态工作压力)、保留了 6 个术语(管道组成件、管道支承件、质量证明书、标志、脆性材料、可燃介质)。

一、删除的术语

本次修订删除的术语为“压力管道”。

本标准 2011 年版中压力管道的定义为：石油化工工程中输送设计压力等于或大于 0. 1MPa(表压)的气体、液化气体、蒸汽介质或者可燃、有毒、有腐蚀性、设计温度等于或高于标准沸点的液体介质，且公称直径大于 25mm 的管道。

这个定义是根据《特种设备安全监察条例》中压力管道的定义套用而形成的。本标准第 4. 4 条、第 5. 1. 1 条中有关于压力管道的内容，为避免产生歧义，故在修订时删除了该术语。

一般而言，压力管道是指所有承受内压或外压的管道，无论其管内介质如何。自我国颁发《压力管道安全管理与监察规定》以来，压力管道便成为受监察管道的专用名词，同时也形成了压力管道术语体系。也就是说，我国把一部分管道抽离出来，进行强制监管，并把它定义为压力管道，并进一步细分为长输管道、公用管道、工业管道和动力管道等。如果将现在的压力管道术语体系加上“监管”进行限定的话，就更方便使用者理解这些术语。

压力管道的定义形成过程大体如下：

1996 年，《压力管道安全管理与监察规定》第二条中将压力管道定义为：在生产、生活中使用的可能引起燃爆或中毒等危险性较大的特种设备。

2003 年，《特种设备安全监察条例》将压力管道进一步明确为：利用一定的压力，用于输送气体或者液体的管状设备，其范围规定为最高工作压力大于或等于 0. 1MPa(表压)的气体、液化气体、蒸汽介质或者可燃、易爆、有毒、有腐蚀性、最高工作温度高于或等于标准沸点的液体介质，且公称直径大于 25mm 的管道。这就意味着压力管道不但是指其管内或管外承受压力，而且其内部输送的介质是“气体、液化气体和蒸汽”或“可能引起燃爆、中毒或腐蚀的液体”。

2014 年，中华人民共和国国家质量监督检验检疫总局发布了关于修订《特种设备目录》的公告(2014 年第 114 号)。在公告所附的《特种设备目录》的代码 8000 项中将压力管道定义为：利用一定的压力，用于输送气体或者液体的管状设备，其范围规定为最高工作压力大于或等于 0.1MPa(表压)，介质为气体、液化气体、蒸汽或可燃、易爆、有毒、有腐蚀性、最高工作温度高于或等于标准沸点的液体，且公称直径大于或等于 50mm 的管道。公称直径小于 150mm，且其最高工作压力小于 1.6MPa(表压)的输送无毒、不可燃、无腐蚀性气体的管道和设备本体所属管道除外。

在《特种设备目录》中，将压力管道分为长输管道(GA)、公用管道(GB)、工业管道(GC)三大类。长输管道又分为输油管道、输气管道；公用管道又分为燃气管道、热力管道；工业管道又分为工艺管道、动力管道、制冷管道。

二、修订的术语

1. 检查

检查是施工单位履行质量控制职责的过程，即检查人员按照相关标准和工程设计的要求，对材料、组成件以及加工、制作、安装等过程进行的检测和试验，并做好记录。这个定义是参考 ASME B31.3《Process Piping》(工艺管道) 341.1 中的“examination”制定的。检查是全过程的。

2. 检验

检验是建设单位或总承包单位履行质量控制职责的过程，由建设单位、总承包单位对产品或管道施工是否满足标准和工程设计要求而进行的验证过程。包括建设单位或总承包单位委托监理公司的监造或监理，委托独立于管道施工单位以外的检验机构检验。这个定义是参考 ASME B31.3《Process Piping》(工艺管道) 340.1 中的“inspection”制定的。检验不是全过程的，而是对重点进行验证的过程。

3. 有毒介质

有害介质是 GBZ/T 230《职业性接触毒物危害程度分级》所定义的危害程度等级为极度危害、高度危害、中度危害和轻度危害的流体的总称。修订“有毒介质”术语主要是因为所依据的标准发生了变化，GB 5044—1985《职业性接触毒物危害程度分级》已作废，现按照 GBZ/T 230《职业性接触毒物危害程度分级》执行。

三、增加的术语

1. 急性毒性

急性毒性的定义为：经口或经皮肤给予物质的单次剂量或在 24h 内给予的多次剂量，或者 4h 的吸入接触发生的急性有害影响。管道等级划分就是依据这个定义确定的。

2. 冷态工作压力

增加“冷态工作压力”术语是为了在现场阀门试验时，为计算试验压力提供计算基准。该术语采用了现行国家标准 GB/T 13927—2008《工业阀门压力试验》第 2.7 条的定义。冷态工作压力不等于阀门的公称压力。冷态工作压力不但与阀门的公称压力有关，还与阀门阀体的材质有关。对于软密封阀门，冷态工作压力还与阀芯的材质有关。所以软密封阀门(如球阀)的冷态工作压力要远小于阀门的公称压力，在阀门试压时需要特别注意。

冷态工作压力的具体数值根据阀门产品标准查取，一般阀门铭牌上会标注该压力值。

GB/T 12234—2019《石油、天然气工业用螺柱连接阀盖的钢制闸阀》第 8.3 条规定，闸阀的铭牌应包括以下内容：

——制造厂名；

——公称压力或压力等级；

——公称尺寸或管道名义直径数；

——产品的序列编号；

——在 38℃时的最大工作压力；

——最高允许使用温度和对应的最大允许工作压力；

——材料(阀体、闸板、密封副等)；

——执行标准编号(GB/T 12234)。

GB/T 12237—2021《石油、石化及相关工业用钢制球阀》第 8.3 条规定：铭牌标有在 38℃时的最大工作压力。

GB/T 28776—2012《石油、天然气工业用钢制闸阀、截止阀和止回阀(≤*DN*100)》第 7.3 条规定：铭牌标有在 38℃时的最大工作压力。

石油化工工程建设中常用的关于闸阀的美国标准 API STD 600《Steel Gate Valves—Flanged and Butt-welding Ends, Bolted Bonnets》(法兰端、对焊端和栓接阀盖—钢制闸阀)规定：阀门压力/温度额定值应符合 ASME B16.34-2020《Valves—Flanged, Threaded, and Welding End》(阀门—带法兰、有螺纹和焊接

端部）等级表中相应的材料规范和压力等级。例如，对于材质为 F304L 的阀门，根据 ASME B16.34－2020《Valves—Flanged，Threaded，and Welding End》（阀门—带法兰、有螺纹和焊接端部）中表 2－2.3（见表 3－1），其在介质温度为 −29～38℃时，压力等级为 Class150（*PN*20）的阀门，阀门最大允许工作压力为 15.9bar（1.59MPa）；压力等级为 Class300（*PN*50）的阀门，阀门最大允许工作压力为 41.4bar（4.14MPa），与阀门的公称压力差别较大。

表 3-1　组别 2.3 材料的工作压力

A182 Gr. F304L　A240 Gr. 304L A312 Gr. TP316LA479 Gr. 304L

A182 Gr. F316LA240 Gr. 316LA479 Gr. 316L

A182 Gr. F317LA240 Gr. TP304L

温度/℃	压力等级/bar						
	150	300	600	900	1500	2500	4500
−29～38	15.9	41.4	82.7	124.1	206.8	344.7	620.5
50	15.3	40.0	80.0	120.1	200.1	333.5	600.3
100	13.3	34.8	69.6	104.4	173.9	289.9	521.8
150	12.0	31.4	62.8	94.2	157.0	261.6	470.9
200	11.2	29.2	58.3	87.5	145.8	243.0	437.3
250	10.5	27.5	54.9	82.4	137.3	228.9	412.0
300	10.0	26.1	52.1	78.2	130.3	217.2	391.0

对于 GB/T 12337—2021《石油、石化及相关工业用的钢制球阀》中的软密封球阀，公称压力为 *PN*110 的阀门，如果阀座材质为聚四氟乙烯，其在介质温度为−29～38℃时，浮动球阀的最大允许工作压力为 6.90MPa（见表 3−2），与阀门的公称压力差别非常大。因此，如果按照公称压力计算试验压力进行阀门的压力试验，有可能损坏阀座，从而影响阀门的使用。

表 3-2　聚四氟乙烯类阀座的最大允许工作压力−温度额定值

阀座的使用温度/℃	聚四氟乙烯阀座的最大允许压力/MPa				增强聚四氟乙烯阀座的最大允许压力/MPa			
	浮动球			固定球	浮动球			固定球
	≤*DN*50	*DN*50～*DN*100	>*DN*100	>*DN*500	≤*DN*50	*DN*50～*DN*100	>*DN*100	>*DN*500
−29～38	6.90	5.10	1.97	5.10	7.59	5.10	1.97	5.10
50	6.36	4.71	1.82	4.71	7.04	4.78	1.84	4.78
75	5.33	3.92	1.52	3.92	5.99	4.04	1.56	4.04

四、保留的术语

1. 管道组成件、管道支承件

TSG D0001—2009《特种设备生产和充装单位许可规则》规定：管道元件包括管道组成件和管道支承件。管道组成件和管道支承件中的“元件”和 TSG D0001—2009《特种设备生产和充装单位许可规则》中的规定是一致的。

但在 TSG D0001—2022（征求意见稿）中，管道元件的概念发生了变化。管道组成件由管道元件等组成。管道组成件指用于连接或者装配成密闭的压力管道系统的部件，包括压力管道元件、安全附件以及其他管道组成件。

在 TSG D0001—2022（征求意见稿）中，“元件”共出现 98 处，包括压力管道元件、防腐管道元件、密封元件、柔性元件、仪表元件、阻火元件、受压元件、非受压元件等。在本标准中，除管道组成件和管道支承件在正文中出现 3 次外，只有管道元件、受压元件，因此不会引起歧义。在 TSG D0001—2022（征求意见稿）中，管道的范围和界定适用的管道范围如下：

a）管道组成件：指用于连接或者装配成密闭的压力管道系统的部件，包括压力管道元件、管道用安全附件以及其他管道组成件。

压力管道元件指管道用管子、管件、阀门、法兰、补偿器、密封元件及压力管道特种元件等，其中压力管道特种元件包括防腐管道元件和元件组合装置。元件组合装置是指由管子、管件、阀门、法兰、补偿器、密封元件等压力管道元件组合在一起具备某种功能的装置，如燃气调压装置、减温减压装置、阻火器、流量计（壳体）、工厂化预制管段。

流量计（壳体）是指管子、板卷管、铸件、锻件、法兰、管件等经机械加工或焊接而成的承受流量计内部介质压力的壳体。

工厂化预制管段是指制造单位在工厂内根据施工设计图将压力管道元件焊接组装后整体出厂的压力管道元件产品，包括未纳入压力容器管理的汇管、过滤器、分离器、凝气（水）缸、除污器、混合器、缓冲器、收发球筒、装卸臂（鹤管）等，不包括安装单位在施工现场进行的管道预制。

管道用安全附件指安全阀、爆破片装置和紧急切断阀。

其他管道组成件包括有色金属以及有色金属合金制管件、铸造管件、挠性接头、耐压软管、紧固件、绝缘接头、低温绝热管、直埋夹套管和管路中的节流装置（如孔板）等，但不包括已纳入压力容器、压力管道元件和安全附件管理范围的产品。

b）管道支承件：包括吊杆、弹簧支吊架、斜拉杆、平衡锤、松紧螺栓、支撑杆、链条、导轨、鞍座、底座、滚柱、托座、滑动支座、吊耳、管吊、卡环、管夹、U形夹和夹板等。

c）连接接头：包括管道组成件间的连接接头、管道与设备或者装置连接的第一道连接接头(焊缝、法兰、密封件以及紧固件等)、管道与非受压元件的连接接头。

d）安全保护装置及仪表。安全保护装置是指机械安全联锁装置等。

2. 质量证明书

质量证明书是由制造厂生产部门以外的独立授权部门或人员，按照标准及合同的规定，按批对交货产品进行检验和试验，并注明结果的检验文件。对于实行监督检验的管道元件，还要包括特种设备检验检测机构出具的监督检验证书。供应商在复印件上加盖中间流通过程确认红章的也可归为原件。

3. 标志

标志是指在管道、管道组成件和支承件等实物外表面或标签上所做的标识符。根据TSG D0001—2009《压力管道安全技术监察规程——工业管道》的规定，从产品标志应当能追溯到产品质量证明文件。因此，标志中应包括可追溯标识。

4. 脆性材料

根据TSG D0001—2009《压力管道安全技术监察规程——工业管道》对脆性材料的定义，明确了脆性材料是“延伸率小于14%的材料”。

5. 可燃介质

可燃介质是国家标准GB 50160—2008《石油化工企业设计防火标准》(2018年版)和GB 50016—2014《建筑设计防火规范》(2018年版)定义的可燃气体和可燃液体的总称，即本标准所说可燃介质包括所有丙类可燃液体。

五、基本规定

1. 设计文件或材料代用

设计文件或材料代用涉及的条文是本标准第4.2条。本次修订明确修改设计文件或材料代用需要经原设计单位书面批准。在施工过程中，若遇到某些原设计未预料到的具体情况，如原设计未考虑到的设备和管墩、在原设计标高处无安装位置等，需要改变原设计管道的走向或标高，施工单位需要办理工程联络单手续，经原设计单位书面批准。同样，在施工过程中，不论何种原因需要进行材料代用，都需要办理原设计单位书面批准的手续。

2. 压力管道安装许可证

压力管道安装许可证涉及的条文是本标准第4.4条，本条没有进行修订。

根据《特种设备安全法》的规定，国家按照分类监督管理的原则对特种设备生产实行许可制度。因此管道的施工单位应持有国家相关行政部门颁发的相应级别的压力管道安装许可证。

本标准所涉及的管道属于工业管道的范畴。因此在本标准范围内的管道施工，需要取得的压力管道许可证的级别可为GC1、GC2等(见表3-3)。

表3-3　压力管道许可证的级别

许可证的级别	许可范围	备注
GA1	1. 设计压力大于或等于4.0MPa(表压)的长输输气管道。 2. 设计压力大于或等于6.3MPa(表压)的长输输油管道	GA1级覆盖GA2级
GA2	GA1级以外的长输管道	—
GB1	燃气管道	—
GB2	热力管道	—
GC1	1. 输送《危险化学品目录》中规定的毒性程度为急性毒性类别1介质、急性毒性类别2气体介质和工作温度高于其标准沸点的急性毒性类别2液体介质的工艺管道。 2. 输送GB 50160《石油化工企业设计防火规范》、GB 50016《建筑设计防火规范》中规定的火灾危险性为甲类、乙类可燃气体或者甲类可燃液体(包括液化烃)，并且设计压力大于或等于4.0MPa的工艺管道。 3. 输送流体介质，并且设计压力大于或等于10.0MPa，或者设计压力大于或等于4.0MPa且设计温度高于或者等于400℃的工艺管道	GC1级、GCD级覆盖GC2级
GC2	1. GC1级以外的工艺管道。 2. 制冷管道	—
GCD	动力管道	—

3. 特种设备作业人员证

特种设备作业人员证涉及的条文是本标准第4.5条。管道焊工应根据TSG Z6002—2010《特种设备焊接操作人员考核细则》的规定，考核合格，并持有《特种设备作业人员证》(资格证)。持证焊工应在证件有效期内工作，并承担与合格项目相应的焊接工作。施工过程中应审核焊接位置、管径等与焊工资格是否相符。

管道焊工分为：手工焊焊工、自动焊焊工和机动焊焊工，“自动焊焊工”和“机动焊焊工”合称为“焊机操作工”。《特种设备作业人员证》(资格证)每四年复审一次。首次取得的合格项目在第一次复审时，需要重新进行考试；第二次以后(含第二次)复审时，可以在合格项目范围内抽考。

要求焊工持双证上岗指的是(以下两点)：一是《特种作业操作证》(上岗证)，由中华人民共和国应急管理部颁发，由项目安全部查验；二是《特种设备作业人员证》(资格证)，由国家市场监督管理总局颁发，由项目质量部查验。另外，工程项目也有焊工入场考试、首件必检制度，目的是保证管道施工焊接质量。

无损检测人员应按 TSG Z8001—2019《特种设备无损检测人员考核细则》的规定进行考核，并取得相应的《特种设备检验检测人员证》(资格证)。持证人员应在证件有效期内从事相应的无损检测工作。

4. 成品保护

成品保护涉及的条文是本标准第 4.9 条，本条是本次修订增加的条文。施工现场普遍存在的问题是法兰、阀门等密封面保护不到位，法兰面直接与地面接触，未采取保护措施，存在锈蚀、划伤。在管道下料、预制和安装过程中，未清理管道内铁屑、氧化铁、焊渣、杂物等，都属于成品保护问题。

压力管道在封口前应检查是否有异物残留，如有异物未在吹扫后取出，将会导致在管线运行后异物混合物料及介质流转到阀门或设备中，容易造成压缩机、机泵、仪表测量元件等设备损坏，还将对物料造成污染。

管道系统内部清洁对石油化工装置顺利投用、达产达标至关重要。基于过程管理的原则，在管道施工的材料入库验收、仓储、预制、防腐、安装、试压、保温、吹扫、保运等各个关键环节，都应对管道、设备内部清洁给予关注。本标准明确在管道安装前，应逐件清除管道组成件内部的杂物，避免、杜绝这些问题，以保障工程质量。

第四章 管道分级

考虑到标准的延续性，本次修订既结合了本标准之前版本的特点，又兼顾了新的法规和标准规范的规定。压力管道中介质毒性危害程度分类依据 GBZ/T 230—2010《职业性接触毒物危害程度分级》的规定，即以介质的急性毒性、扩散性、蓄积性、致癌性、生殖毒性、致敏性、刺激与腐蚀性、实际危害后果与预后等 9 项指标作为定级标准，将管道中介质毒性危害程度分为极度危害、高度危害、中度危害和低度危害。本次修订是以《危险化学品目录》(2018 版)作为依据，对常用介质的急性毒性进行对照梳理，最终形成了本标准的资料性附录 A. 1“常用介质的急性毒性分类”；有毒介质危害程度等级分级是按照 GBZ/T 230—2010《职业性接触毒物危害程度分级》的规定，参照 HG/T 20660—2017《压力容器中化学介质毒性危害和爆炸危险程度分类标准》的分类，对常用有毒介质危害程度进行对照梳理，形成本标准的资料性附录 A. 2“常用有毒介质危害程度等级”；另外由于轻度危害介质无分类依据，故删除本标准 2011 年版附录中的轻度危害介质分类。

原《特种设备生产单位许可目录》中压力管道介质毒性程度的分级是依据 GB 5044—1985《职业性接触毒物危害程度分级》的规定，即以急性毒性、急性中毒发病状况、慢性中毒患病状况、慢性中毒后果、致癌性和最高容许浓度等指标作为定级标准，将管道中介质毒性危害程度分为极度危害、高度危害、中度危害和低度危害；而新版《特种设备生产单位许可目录》中压力管道介质毒性程度是依据《危险化学品目录》(2018 版)，以急性毒性类别作为分级标准。

有毒混合物介质的急性毒性是按 GB 30000. 18—2013《化学品分类和标签规范 第 18 部分：急性毒性》规定的混合物分类标准进行评估；有毒混合物介质的危害程度等级分级还需结合介质泄漏扩散的毒物浓度、接触途径、接触时间等因素及工程经验，根据所识别出来的主要毒物组分确定。

一、工业管道分级

1. TSG D0001—2009《压力管道安全技术监察规程——工业管道》中的分级规定

a）符合下列条件之一的工业管道划为 GC1 级：

1）输送毒性程度为极度危害介质、高度危害气体介质和工作温度高于标准沸点的高度危害的液体介质的管道。

2）输送火灾危险性为甲、乙类可燃气体或甲类可燃液体(包括液化烃)，并且设计压力等于或大于4.0MPa的管道。

3）输送除前两项介质的流体介质并且设计压力等于或大于10.0MPa，或者设计压力等于或大于4.0MPa，并且设计温度等于或大于400℃的管道。

b）除c)款规定的GC3级管道外，介质毒性危害程度、火灾危险性(可燃性)、设计压力和设计温度低于GC1级的管道为GC2级管道。

c）输送无毒、非可燃流体介质，设计压力小于或等于1.0MPa，并且设计温度高于-20℃但不高于185℃的管道为GC3级管道。

2.《市场监管总局关于特种设备行政许可有关事项的公告》(2019年第3号)中的分级规定

a）符合下列条件之一的工业管道划为GC1级：

1）输送《危险化学品目录》(2018版)中规定的毒性程度为急性毒性类别1介质、急性毒性类别2气体介质和工作温度高于其标准沸点的急性毒性类别2液体介质的工艺管道。

2）输送GB 50160《石油化工企业设计防火标准》、GB 50016《建筑设计防火规范》中规定的火灾危险性为甲类、乙类可燃气体或者甲类可燃液体(包括液化烃)，并且设计压力等于或大于4.0MPa的工艺管道。

3）输送流体介质，并且设计压力等于或大于10.0MPa，或者设计压力等于或大于4.0MPa且设计温度等于或高于400℃的工艺管道。

b）符合下列条件之一的工业管道划为GC2级：

1）GC1级以外的工艺管道。

2）制冷管道。

c）动力管道划为GCD级。

3. 现行工业管道分级

现行工业管道分级是根据《市场监管总局关于特种设备行政许可有关事项的公告》(2019年第3号)来确定的，如TSG 07—2019《特种设备生产和充装单位许可规则》也是采用此分级规定。

二、介质毒性、腐蚀性和火灾危险性划分

介质危害系指在生产和储存过程中因事故泄漏致使介质与人类接触或发生火灾引起的健康危害和安全危险程度，用介质的毒性和火灾危险表示。当介质同时具有毒性和火灾危险时，应按毒性和火灾危险分别划分管道级别，并按两

者中级别较高者确定；若管道级别相同，宜按介质的毒性确定。

1. 介质毒性

原《特种设备生产单位许可目录》中压力管道介质毒性程度的分级是依据GB 5044—1985《职业性接触毒物危害程度分级》的规定，以急性毒性、急性中毒发病状况、慢性中毒患病状况、慢性中毒后果、致癌性和最高容许浓度等6项指标作为定级标准，并又提出按致癌性突出危害程度定出级别，将管道中介质毒性危害程度分为极度危害、高度危害、中度危害和低度危害。而现行《特种设备生产单位许可目录》中压力管道介质毒性是依据《危险化学品目录》，以急性毒性进行分类，急性毒性是指经口或经皮肤给予物质的单次剂量或在24h内给予的多次剂量，或者4h的吸入接触发生的急性有害影响，并且是根据GB 30000.18—2013《化学品分类和标签规范　第18部分：急性毒性》进行分类。

急性毒性根据急性毒性估计值(*ATE*)进行分类，共分为5个类别，并应符合表4-1的规定。经口和经皮肤的急性毒性估计值(*ATE*)单位中的kg特指体重。

有毒混合物介质的急性毒性是按照GB 30000.18—2013《化学品分类和标签规范　第18部分：急性毒性》规定的混合物分类标准进行评估。

考虑到标准的延续性，本次修订既结合了上一版标准的要求，又兼顾了新的法规和标准规范的规定，也就是说管道分级既考虑到急性毒性，又考虑到毒物危害程度。另外GB 5044—1985《职业性接触毒物危害程度分级》已被GBZ/T 230—2010《职业性接触毒物危害程度分级》代替。

GBZ/T 230—2010《职业性接触毒物危害程度等级》为职业性接触毒物危害程度分级标准，是职业性接触毒物危害程度分级的技术依据，也是工作场所职业病危害分级、有毒作用分级和建设项目职业病危害分类管理的重要技术依据。此标准适用于常见职业性接触毒物的分级，也是职业卫生监督管理部门实施职业卫生分类管理、职业卫生技术服务机构开展职业病危害评价的重要技术法规依据。此标准不适用于非职业性接触毒物的分级。此标准应由受过职业卫生专业训练的专业人员使用。

职业性接触毒物危害程度分级，是以毒物的急性毒性、扩散性、蓄积性、致癌性、生殖毒性、致敏性、刺激与腐蚀性、实际危害后果与预后等九项指标为基础的定级标准；分级原则是依据急性毒性、影响毒性作用的因素、毒性效应、实际危害后果等四大类九项分级指标进行综合分析、计算毒物危害指数确定。同时根据各项指标对职业危害影响作用的大小赋予相应的权重系数；依据各项指标加权分值的总和，即毒物危害指数确定职业性接触毒物危害程度的级别。职业接触毒物危害程度分为轻度危害、中度危害、高度危害和极度危害四个级别。

表 4-1　急性毒性类别

接触途径	单位	类别 1	类别 2	类别 3	类别 4	类别 5
经口①、②	mg/kg	5	50	300	2000	5000，见具体标准⑦
经皮肤①、②	mg/kg	5	200	1000	2000	见具体标准⑦
气体①、②、③	mL/L	0.1	0.5	2.5	20	
蒸气①、②、③、④、⑤	mg/L	0.5	2.0	10	20	
粉尘和烟雾①、②、③、⑥	mg/L	0.05	0.5	1.0	5	

① 对物质进行分类的急性毒性估计值（*ATE*），可根据已知的急性经皮半数致死量（LD_{50}）/急性吸入半数致死量值（LC_{50}）推算。

② 混合物中的某物质，其急性毒性估计值（*ATE*）可根据下列数值推算：

1）可得到 LD_{50}/LC_{50}值；否则按 2）。

2）从 GB 30000.18—2013《化学品分类和标签规范　第 18 部分：急性毒性》表 2 有关毒性范围试验结果中得出适当换算值，或按 3）。

3）从 GB 30000.18—2013《化学品分类和标签规范　第 18 部分：急性毒性》表 2 有关毒性分类类别适当换算值。

③ 表中的吸入临界值以 4h 接触试验为基础，根据 1h 接触产生的现有吸入毒性数据换算，对于气体和蒸气，应除以因子 2，对于粉尘和烟雾，应除以因子 4。

④ 现已认识到，可使用饱和蒸气浓度作为附加要素，以提供特定的健康和安全保护。

⑤ 物质的试验物态不仅仅是蒸气，而是由液相和气相混合组成。当物质的试验物态由接近气相的蒸气组成时，分类应以 mL/L 单位为基础，如下所示：类别 1（0.1mL/L）、类别 2（0.5mL/L）、类别 3（2.5mL/L）、类别 4（20mL/L）。

“粉尘”“烟雾”和“蒸气”等术语的定义如下：

1）粉尘指悬浮在一种气体中（通常是空气）的物质或混合物的固态粒子。

2）烟雾指悬浮在一种气体中（通常是空气）的物质或混合物的液滴。

3）蒸气指物质或混合物从其液体或固体状态释放出来的气体形态。

粉尘通常是通过机械过程形成的，烟雾通常是由过饱和蒸汽凝结形成的或通过液体的物理剪切作用形成的。粉尘和烟雾的大小通常从小于 1μm 到约 100μm。

⑥ 应审查粉尘和烟雾值，使之适应经济合作与发展组织（OECD）试验导则将来有关呼吸性粉尘和烟雾浓度在产生、维护和测量技术限制方面的任何变化。

⑦ 类别 5 的标准旨在识别急性毒性危害相对较低，但在某些环境下可能对易受害人群造成危害的物质。这类物质的经口或经皮肤 LD_{50}的范围为 2000～5000mg/kg 体重，吸入途径为上述的当量剂量。类别 5 的具体标准为：

1）如果现有的可靠证据表明 LD_{50}（或 LC_{50}）在类别 5 的数值范围内，或者其他动物研究或人类毒性效应表明对人类健康的急性影响值得关注，那么物质划入此类别。

2）通过外推、评估或测量数据，将该物质划入此类别，但前提是没有充分理由将物质划入更危险的类别，并且：

——现有的可靠信息表明对人类有显著的毒性效应。

——当以经口、吸入或经皮肤途径进行试验，剂量达到类别 4 的值时，可观察到死亡。

——当进行的试验剂量达到类别 4 的值时，腹泻、背毛蓬松或外表污秽除外，专家判断证实有明显的毒性临床征象。

——专家判断证实，在其他动物研究中，有可靠信息表明可能存在潜在的明显的急性效应。

为保护动物，不应在类别 5 范围内对动物进行试验；只有在试验结果与保护人类健康直接相关的可能性非常大时，才应考虑进行这样的试验。

a）急性毒性指标按联合国全球化学品统一分类及标记协调制度（GHS）的规定分级和赋分；经口或吸入毒性依据首选动物试验为大鼠，急性皮肤毒性依据首选动物试验为大鼠或兔子。急性吸入毒性以 4h 暴露试验为基础，根据 1h 暴露试验获得的现有吸入毒性数据的转换，对于气体和蒸气，应除以因子 2；对于粉尘和烟雾，应除以因子 4。根据 2h 或 3h 暴露试验获得的吸入毒性数据的转换，参照 1h 暴露试验数据转换方法处理。急性毒性包括急性吸入半数致死浓度（LC_{50}）和急性经皮半数致死量（LD_{50}）。

b）扩散性是以毒物常温下或工业中使用时状态及挥发性作为评分指标。

c）蓄积性包括物质蓄积和功能蓄积。蓄积性一般用蓄积系数表示，但生物半减期也反映物质的蓄积性。蓄积性是以毒物的蓄积性强度或在体内的代谢速度作为评分指标，根据蓄积系数或生物半减期划分评分等级。当有蓄积系数数据可用时，按蓄积系数分级；当没有蓄积系数数据可用时，按生物半减期分级；如果毒物的毒性作用是由其代谢产物引起的，则按该代谢物产物的生物半减期分级。

d）致癌性是根据国际癌症研究机构（IARC）致癌性分类划分评分等级，属于明确人类致癌物的，直接列为极度危害。致癌性应根据证据的充分程度和附加考虑事项，依据表 4-2 进行分类。

表 4-2　致癌性类别

类别	分类标准
类别 1	已知或假定的人类致癌物，可根据流行病学和/或动物试验数据将物质划为类别 1
类别 1A	已知对人类有致癌可能，对物质的分类主要根据人类证据。假定对人类有致癌可能，对物质的分类主要根据动物证据
类别 1B	以证据的充分程度以及附加的考虑事项为基础，这样的证据可来自人类研究，即研究确定，人类接触物质和癌症发展之间存在因果关系。另外，证据也可来自动物试验，即动物试验以充分的证据证明了动物致癌性。此外，在个案基础上，根据显示有限的人类致癌性迹象和有限的试验动物致癌性迹象的研究，可能需要通过科学判断做出假定的人类致癌性决定
类别 2	可疑的人类致癌物，可根据人类和/或动物研究得到的证据将物质划为类别 2，但前提是这些证据不能令人信服地将物质划为类别 1。根据证据的充分程度以及附加考虑事项，这样的证据可来自人类研究中有限的致癌性证据，也可来自动物研究中有限的致癌性证据

对于混合物，当其中至少有一种组分已经划为致癌物类别 1 或致癌物类别 2，而且其浓度等于或高于表 4-3 中致癌物类别 1 和致癌物类别 2 的阈值/浓度极限值时，该混合物应划为致癌物。

表 4-3　致癌混合物类别

<table>
<tr><th rowspan="3">组分分类</th><th colspan="3">致癌混合物类别及其组分阈值/浓度极限值</th></tr>
<tr><th colspan="2">致癌物类别 1</th><th rowspan="2">致癌物类别 2</th></tr>
<tr><th>致癌物类别 1A</th><th>致癌物类别 1B</th></tr>
<tr><td>致癌物类别 1A</td><td>≥0.1%</td><td>—</td><td rowspan="2">—</td></tr>
<tr><td>致癌物类别 1B</td><td>—</td><td>≥0.1%</td></tr>
<tr><td rowspan="2">致癌物类别 2</td><td rowspan="2">—</td><td rowspan="2">—</td><td>≥0.1%①</td></tr>
<tr><td>≥1%②</td></tr>
</table>

① 如果致癌物类别 2 组分在混合物中的浓度在 0.1%~1%之间，那么每一个主管部门都会要求在产品的安全技术说明书上提供信息。但是，因为标签警告属于可选项，所以当该组分在混合物中的浓度在 1.0%~10%之间时，一些主管部门会选择贴标签，而其他的主管部门在这种情况下通常不要求贴标签。

② 如果致癌物类别 2 组分在混合物中的浓度不小于 1%，那么一般既需要安全技术说明书，又需要标签。

e）生殖毒性是指对成年雄性和雌性的性功能和生育能力的有害影响，即对青春期的开始、生殖细胞产生和输送、生殖周期正常状态、性行为、生育能力、分娩、怀孕结果等的影响，以及对子代的发育毒性。发育毒性包括在出生前或出生后干扰胎儿正常发育的影响。生殖毒性是根据对人生殖毒性的报告及动物试验数据划分评分等级。

f）致敏性包括呼吸道致敏和皮肤致敏。它是根据对人致敏报告及动物试验数据划分评分等级，依据 GB 30000.24—2013《化学品分类和标签规范　第 24 部分：生殖毒性》进行分类。

g）刺激与腐蚀性包括皮肤腐蚀、皮肤刺激、眼损伤和眼刺激，可根据毒物对眼睛、皮肤或黏膜刺激作用的强弱划分评分等级，依据 GB 30000.19—2013《化学品分类和标签规范　第 19 部分：皮肤腐蚀/刺激》和 GB 30000.20—2013《化学品分类和标签规范　第 20 部分：严重眼损伤/眼刺激》进行分类。

h）实际危害后果与预后是根据中毒病死率和危害预后情况划分评分等级。

i）扩散性依据毒物在常温下或工业中使用时的状态及挥发性（固体为扩散性）进行分类。

职业性接触毒物分项指标危害程度分级和评分见表 4-4。

表 4-4　职业性接触毒物分项指标危害程度分级和评分

分项指标		极度危害	高度危害	中度危害	轻度危害	轻微危害	权重系数
积分值		4	3	2	1	0	
急性吸入 LC_{50}	气体/(cm^3/m^3)	$LC_{50}<100$	$100\leqslant LC_{50}<500$	$500\leqslant LC_{50}<2500$	$2500\leqslant LC_{50}<20000$	$LC_{50}\geqslant 20000$	5
	蒸气/(mg/m^3)	$LC_{50}<500$	$500\leqslant LC_{50}<2000$	$2000\leqslant LC_{50}<10000$	$10000\leqslant LC_{50}<20000$	$LC_{50}\geqslant 20000$	
	粉尘和烟雾/(mg/m^3)	$LC_{50}<50$	$50\leqslant LC_{50}<500$	$500\leqslant LC_{50}<1000$	$1000\leqslant LC_{50}<5000$	$LC_{50}\geqslant 5000$	
急性经口 LD_{50}/(mg/kg)		$LD_{50}<5$	$5\leqslant LD_{50}<50$	$50\leqslant LD_{50}<300$	$300\leqslant LD_{50}<2000$	$LD_{50}\geqslant 2000$	1
急性经皮 LD_{50}/(mg/kg)		$LD_{50}<50$	$50\leqslant LD_{50}<200$	$200\leqslant LD_{50}<1000$	$1000\leqslant LD_{50}<2000$	$LD_{50}\geqslant 2000$	1
刺激与腐蚀性		$pH\leqslant 2$ 或 $pH\geqslant 11.5$；腐蚀作用或不可逆损伤作用	强刺激作用	中等刺激作用	轻刺激作用	无刺激作用	2
致敏性		有证据表明该物质能引起人类特定的呼吸系统致敏或重要脏器的变态反应性损伤	有证据表明该物质能导致人类皮肤过敏	动物试验证据充分，但无人类相关证据	现有动物试验证据不能对该物质的致敏性作出结论	无致敏性	2
生殖毒性		明确的人类生殖毒性：已确定对人类的生殖能力、生育或发育造成有害效应的毒物，人类母体接触后可引起子代先天性缺陷	推定的人类生殖毒性：动物试验生殖毒性明确，但对人类生殖毒性作用尚未确定因果关系，推定对人的生殖能力或发育产生有害影响	可疑的人类生殖毒性：动物试验生殖毒性明确，但无人类生殖毒性资料	人类生殖毒性未定论：现有证据或资料不足以对毒物的生殖毒性作出结论	无人类生殖毒性：动物试验阴性，人群调查结果未发现生殖毒性	3

续表

分项指标	极度危害	高度危害	中度危害	轻度危害	轻微危害	权重系数
积分值	4	3	2	1	0	
致癌性	Ⅰ组，人类致癌物	ⅡA组，近似人类致癌物	ⅡB组，可能人类致癌物	Ⅲ组，未归入人类致癌物	Ⅳ组，非人类致癌物	4
实际危害后果与预后	职业中毒病死率≥10%	职业中毒病死率＜10%；或致残（不可逆损害）	器质性损害（可逆性重要脏器损害），脱离接触后可治愈	仅有接触反应	无危害后果	5
扩散性（常温或工业使用时状态）	气态	液态，挥发性高（沸点＜50℃）；固态，扩散性极高（使用时形成烟或烟尘）	液态，挥发性中（50℃≤沸点＜150℃）；固态，扩散性高（细微而轻的粉末，使用时可见尘雾形成，并在空气中停留数分钟以上）	液态，挥发性低（沸点≥150℃）；固态，晶体、粒状固体、扩散性中，使用时能见到粉尘但很快落下，使用后粉尘留在表面	固态，扩散性低（不会破碎的固体小球（块），使用时几乎不产生粉尘）	3
蓄积性（生物半减期）	蓄积系数（动物试验）＜1；生物半减期≥4000h	1≤蓄积系数＜3；400h≤生物半减期＜4000h	3≤蓄积系数＜5；40h≤生物半减期＜400h	蓄积系数≥5；4h≤生物半减期＜40h	生物半减期＜4h	1

注：1. 急性毒性分级指标以急性吸入毒性和急性经皮毒性为分级依据，无急性吸入毒性数据的物质，参照急性经口毒性分级。无急性经皮毒性数据，且不经皮吸收的物质，按轻微危害分级；无急性经皮毒性数据，但可经皮吸收的物质，参照急性吸入毒性分级。

2. 强、中、轻和无刺激作用的分级依据 GB/T 21604《化学品　急性皮肤刺激性腐蚀性试验方法》和 GB/T 21609《化学品　急性眼刺激性腐蚀性试验方法》。

3. 缺乏蓄积性、致癌性、致敏性、生殖毒性分级有关数据的物质的分项指标暂按极度危害赋分。

4. 工业使用在 5 年内的新化学品，无实际危害后果资料的，该分项指标暂按极度危害赋分；工业使用在 5 年以上的物质，无实际危害后果资料的，该分项指标按轻微危害赋分。

5. 一般液态物质的吸入毒性按蒸气类划分。

毒物危害指数按公式(4-1)计算：

$$THI = \sum_{i=1}^{n} (k_i F_i) \quad \cdots\cdots (4-1)$$

式中 THI——毒物危害指数；

k——分项指标权重系数；

F——分项指标积分值。

若毒物危害指数 THI 小于 35，则为轻度危害；若毒物危害指数 THI 等于或大于 35，且小于 50，则为中毒危害；若毒物危害指数 THI 等于或大于 50，且小于 65，则为高度危害；若毒物危害指数 THI 等于或大于 65，则为极度危害。

混合物毒性介质的危害程度等级应结合介质泄漏扩散的毒物浓度、接触途径、接触时间及工程经验等因素确定。

毒物危害指数 THI 是影响毒物危害程度各项指标的综合加权积分值，综合反映职业性接触毒物对劳动者健康危害程度的可能性，不能理解为职业性接触毒物的实际危害程度。职业性接触毒物危害程度分级标准是基于科学性和可行性制定的，是综合分析各种影响毒物危害程度的指标得出的分级标准，它所规定的界值不能理解为职业危害程度分级的精确界限。本标准各项指标的分级标准是依据现有可获得的数据和资料制定的，但这些依据将随着科学研究的深入而发生变化，因此，使用本标准时应注意最新的科学研究成果。

2. 腐蚀性

管道中的腐蚀介质是指符合 GB 30000.17《化学品分类和标签规范　第 17 部分：金属腐蚀物》中金属腐蚀物类别 1 的分类标准，即一般在试验温度 55℃下，钢或铝表面的腐蚀速率超过 6.25mm/a。

3. 火灾危险性

介质可分为可燃气体、可燃液体和可燃固体。

a）按照 GB 50160《石油化工企业设计防火标准》(2018 年版）和 GB 50016《建筑设计防火规范》的规定，助燃气体应视为乙类可燃气体，可燃气体的火灾危险性分类见表 4-5。

表 4-5　火灾危险性分类

类别	可燃气体与空气混合物的爆炸下限
甲	<10%(体积分数)
乙	≥10%(体积分数)

b）按照 GB 50160《石油化工企业设计防火标准》(2018 年版)的规定，可燃液体的火灾危险性分类见表 4-6。按照 GB 50016《建筑设计防火规范》的规定，可燃液体的火灾危险性分类见表 4-7。

表 4-6　GB 50160 可燃液体火灾危险性分类

名称	类别		特征
液化烃	甲	A	15℃时的蒸汽压力>0.1MPa 的烃类液体及其他类似液体
可燃液体		B	$甲_A$ 类以外，闪点<28℃
	乙	A	28℃≤闪点≤45℃
		B	45℃<闪点<60℃
	丙	A	60℃≤闪点≤120℃
		B	闪点>120℃

注：操作温度超过其闪点的乙类可燃液体应视为$甲_B$类可燃液体；操作温度超过其闪点的$丙_A$类可燃液体应视为$乙_A$类可燃液体；操作温度超过其闪点的$丙_B$类可燃液体应视为$乙_B$类可燃液体；操作温度超过其沸点的$丙_B$类可燃液体应视为$乙_A$类可燃液体。

表 4-7　GB 50016 可燃液体火灾危险性分类

类别	特征
甲	闪点<28℃
乙	28℃≤闪点<60℃
丙	闪点≥60℃

c）按照 GB 50160《石油化工企业设计防火标准》(2018 年版)和 GB 50016《建筑设计防火规范》的规定，固体的火灾危险性分类见表 4-8。

表 4-8　固体火灾危险性分类

类别	特征
甲	1. 常温下能自行分解或在空气中氧化能导致迅速自燃或爆炸的物质。 2. 常温下受到水或空气中水蒸气的作用，能产生可燃气体并引起燃烧或爆炸的物质。 3. 遇酸、受热、撞击、摩擦、催化以及遇有机物或硫黄等易燃的无机物，极易引起燃烧或爆炸的强氧化剂。 4. 受撞击、摩擦或与氧化剂、有机物接触时能引起燃烧或爆炸的物质
乙	1. 不属于甲类的氧化剂。 2. 不属于甲类的易燃固体
丙	可燃固体

d)《危险化学品目录》(2018 版)中列入的下列可燃介质应根据其火灾危险性(易燃性)、闪点和介质的状态(气、液、固)视为甲类、乙类可燃气体或甲类可燃液体(包括液化烃):

1)气溶胶(类别 1)、氧化性气体(类别 1)、遇水放出易燃气体的物质和混合物(类别 1、2、3)。

2)易燃固体(类别 1、2)、自燃固体(类别 1)、氧化性固体(类别 1、2、3)。

3)自燃液体(类别 1)、氧化性液体(类别 1、2、3)。

4)有机过氧化物(类别 A、B、C、D、E、F)、自反应物质和混合物(类别 A、B、C、D、E)、自热物质和混合物(类别 1、2)。

三、管道级别

本标准管道分级的要求与 GB 50517—2010《石油化工金属管道工程施工质量验收标准》(2022 年版)保持一致;另外还与 GB/T 20801.5—2020《压力管道规范　工业管道　第 5 部分:检验与试验》相协调,检查等级不应低于该标准的要求,要求如下所述:

1. 符合下列条件之一的压力管道的检查等级为Ⅰ级:

a)剧烈循环工况的管道。

b)GC1 级管道。

c)高温蠕变工况使用的管道(材料使用温度处于焊接接头高温强度降低系数 W 小于 1 的工况,相当于工作温度处于材料长期强度决定许用应力温度范围的工况。)。

d)钛及钛合金、镍及镍合金、高铬镍钼奥氏体不锈钢、锆及锆基合金管道。

e)公称压力大于 PN160 的管道。

f)夹套管的内管。

g)可以免除压力试验的管道。

2. 符合下列条件之一的压力管道的检查等级为Ⅱ级:

a)公称压力大于 PN50,且要求冲击试验的碳钢管道。

b)公称压力大于 PN110 的奥氏体不锈钢管道。

c)低温含镍钢、铬钼合金钢、双相不锈钢、铝及铝合金管道。

3. 符合下列条件之一的压力管道的检查等级为Ⅲ级:

a)毒性程度为有毒介质的 GC2 级管道。

b）公称压力小于或等于 $PN50$，且要求冲击试验的碳钢管道。

c）公称压力小于或等于 $PN110$ 的奥氏体不锈钢管道。

4. 符合下列条件之一的压力管道的检查等级为Ⅳ级：

a）除第 3 条 a）款以外的 GC2 级管道。

b）公称压力小于或等于 $PN50$，且无冲击试验要求的碳钢管道。

为了与本标准 2011 年版相衔接，保障标准实施的连续性，原则上管道的检查等级不低于 2011 年版的要求。如根据《危险化学品目录》（2018 版）和《市场监管总局关于特种设备行政许可有关事项的公告》（2019 年第 3 号）中的分级规定，典型介质的管道级别示例见表 4-9。

表 4-9　典型介质的管道级别示例

序号	《危险化学品目录》序号	品名	危险性类别	状态	火灾危险性类别	设计压力/MPa	压力管道级别
1	49	苯	易燃液体，类别 2 皮肤腐蚀/刺激，类别 2 严重眼损伤/眼刺激，类别 2 生殖细胞致突变性，类别 1B 致癌性，类别 1A 特异性靶器官毒性-反复接触，类别 1 吸入危害，类别 1 危害水生环境-急性危害，类别 2 危害水生环境-长期危害，类别 3	气态/液态	甲$_B$	<4.0	GC2
2	143	丙烯腈	易燃液体，类别 2 急性毒性-经口，类别 3* 急性毒性-经皮，类别 3 急性毒性-吸入，类别 3 皮肤腐蚀/刺激，类别 2 严重眼损伤/眼刺激，类别 1 皮肤致敏物，类别 1 致癌性，类别 2 特异性靶器官毒性-一次接触，类别 3（呼吸道刺激） 危害水生环境-急性危害，类别 2 危害水生环境-长期危害，类别 2	气态/液态	甲$_B$	<4.0	GC2

续表

序号	《危险化学品目录》序号	品名	危险性类别	状态	火灾危险性类别	设计压力/MPa	压力管道级别
3	223	1,3-丁二烯	易燃气体，类别 1 加压气体 生殖细胞致突变性，类别 1B 致癌性，类别 1A	气态	甲	<4.0	GC2
4	494	二硫化碳	易燃液体，类别 2 急性毒性-经口，类别 3 严重眼损伤/眼刺激，类别 2 皮肤腐蚀/刺激，类别 2 生殖毒性，类别 2 特异性靶器官毒性-反复接触，类别 1 危害水生环境-急性危害，类别 2	液态	$甲_B$	<4.0	GC2
5	756	氟化氢（无水）	急性毒性-经口，类别 2* 急性毒性-经皮，类别 1 急性毒性-吸入，类别 2* 皮肤腐蚀/刺激，类别 1A 严重眼损伤/眼刺激，类别 1	气态	—	—	GC1
6	981	环氧乙烷	易燃气体，类别 1 化学不稳定性气体，类别 A 加压气体 急性毒性-吸入，类别 3* 皮肤腐蚀/刺激，类别 2 严重眼损伤/眼刺激，类别 2 生殖细胞致突变性，类别 1B 致癌性，类别 1A 特异性靶器官毒性-一次接触，类别 3(呼吸道刺激)	气态	甲	<4.0	GC2
7	1289	硫化氢	易燃气体，类别 1 加压气体 急性毒性-吸入，类别 2* 危害水生环境-急性危害，类别 1	气态	甲	—	GC1

续表

序号	《危险化学品目录》序号	品名	危险性类别	状态	火灾危险性类别	设计压力/MPa	压力管道级别
8	2115	光气（碳酰氯）	加压气体 急性毒性-吸入，类别 1 皮肤腐蚀/刺激，类别 1B 严重眼损伤/眼刺激，类别 1	气态	—	—	GC1

注：标记“*”的类别，是指在有充分依据的条件下，该化学品可以采用更严格的类别。例如，序号143“丙烯腈”，分类为“急性毒性-经口，类别 3*”，如果有充分依据，可分类为更严格的“急性毒性-经口，类别 2”。

根据 GBZ/T 230—2010《职业性接触毒物危害程度分级》的规定，苯、光气、丁二烯和环氧乙烷划为极度危害介质，硫化氢、二硫化碳、氟化氢和丙烯腈划为高度危害介质；而对于苯、丁二烯和环氧乙烷等介质，由于致癌的原因，将其划为极度危害介质。

对于丙烯腈，根据本标准 2011 年版的要求，丙烯腈的检查等级为 SHA1，与设计压力无关；而根据本标准的要求，当设计压力小于 4.0MPa 且设计温度等于或高于－29℃时，丙烯腈的检查等级为 SHA2；当设计压力等于或大于 4.0MPa 且小于 10.0MPa，设计温度等于或高于－29℃且小于 400℃时，丙烯腈的检查等级为 SHA2。本标准对于丙烯腈的检查等级比 2011 年版的要求低。

对于无水氟化氢，根据本标准 2011 年版的要求，当设计压力小于 4.0MPa 且设计温度等于或高于－29℃时，氟化氢的检查等级为 SHA2；当设计压力等于或大于 4.0MPa 且小于 10.0MPa，设计温度等于或高于－29℃且小于 400℃时，氟化氢的检查等级为 SHA2；而根据本标准的要求，氟化氢的检查等级为 SHA1，与设计压力无关。本标准对于无水氟化氢的检查等级比 2011 年版的要求高。

对于光气，根据本标准 2011 年版的要求，光气的检查等级为 SHA1，与设计压力无关；而根据本标准的要求，光气的检查等级为 SHA1，也是与设计压力无关。本标准对于光气的检查等级与 2011 年版的要求一致。

四、国外标准的管道分级

ASME B31.3《Process Piping》（工艺管道）将介质分成 D 类、M 类和正常工况等三类流体工况，并提供了辨别管道可能发生危险性级别的方法。对于流体工况危险性较低的管道，即D类管道，在设计、检查和试验等方面，允许采用严格性较低的要求。所谓的D类管道需满足下列所有条件：

a）介质为无毒、非易燃，对人体组织没有危害性。

b）设计压力不超过1035kPa。

c）常压条件下设计温度等于或高于-29℃，且低于或等于186℃。

而对于流体工况危险性较大的管道，即M类管道，在设计、检查和试验等方面，则应采用较为严格的要求。所谓的M类管道，是指盛装毒性极强的流体，其一次性少量的泄漏，即使立刻采取了相应的恢复措施，也会对人的呼吸系统或人体造成严重的不可逆转的伤害。除非业主指定该流体工况是属于D类或M类，则其余一切工况都认为是正常工况。

业主的责任是选定流体工况的类别，没有业主的批准不能选择流体工况为D类或M类。鉴于有些业主对于责任不是很熟悉，设计者应告诉业主其责任所在，可以在流体工况选择过程中给予业主指导。划分类别考虑的是流体的泄漏情况，而不是考虑流体在管道内的情况；另外划分类别时需考虑安装的条件，故不可能编出一份M类流体的清单。若介质划为M类流体工况，还应考虑个人暴露是否重要。如一条管道是双层保护，即使里面盛装的光气之类的剧毒流体，则也不能把这条管道划为M类，因为在这种情况下个人暴露的潜在危险就相对没那么高。对于M类流体工况，应采用ASME B31.3《Process Piping》(工业管道)第Ⅷ章的附加规则，这些规则提高了管道系统严密性，但也增加了建造费用。

倘若业主希望提高管道的级别，即使流体工况不满足M类流体工况的定义，业主也可以按照ASME B31.3《Process Piping》(工业管道)第Ⅷ章的要求进行设计、建造、检查和试验。

第五章　到货验收

本标准关于管道组成件及支承件的到货验收是以“谁采购谁负责”为原则。

一般而言，管道元件的采购主体是建设单位或总承包单位。到货验收的重点是品质检验，采购主体应组织或委托检验机构对到货材料进行验证性试验，如果需要补项试验，应组织供货方或委托相应单位进行，并提供符合要求的分析报告。

施工单位施工前的检查验收，相当于工序质量验收，主要工作是核查质量证明书、标识是否匹配，外观检查及尺寸规格确认等。至于光谱检验、硬度检测等验证性检验项目，低温冲击晶间腐蚀等补项试验项目，应由采购单位负责或由专门的单位进行。

到货验收包括文件验收和实物验收。

一、质量证明书验收

1. 验收内容

质量证明书验收属于文件验收。管道元件质量证明书是由供应商提供的证明其产品合格的文件，包括产品质量的各项技术参数，是核查管道元件制造质量是否符合规范和标准要求的重要证明文件，所以应仔细审查质量证明书。其包含的内容必须齐全，便于追溯。所有用在输送有毒、可燃介质管道的管子和管件，使用前应按设计文件要求核对质量证明书、规格、标志和数量，以确认其具备可追溯性，并与实物进行标识核对，证书和实物标识不符的应视为无效证件。对到货验收时质量证明书审查核对的具体要求见本标准第 5.1.3 条和第 5.1.4 条。

材料无质量证明书的不能使用，本标准第 5.1.4 条规定：对质量证明书中的特性数据或检验结果有异议时，应由供货方按相应标准作验证性检验或追溯到制造单位并解决存在的问题，否则不得验收入库，不得投入使用。本标准规定的是质量证明书，而非合格证。这里提出了合格证并非质量证明书的概念，通常，质量证明书应包括证明产品特性的所有技术内容和数据，如在材料特性方面，质量证明书应包括化学成分、力学性能以及订货方要求的其他技术数据；而合格证中只写明钢号，没有相关的技术要求。有些压力管道元件制造单位提供的质量证明书或合格证非常不规范，不符合产品标准的要求，产品标识也不具唯一性。不但失去了质量证明文件的作用，也给施工单位的质量管理工作带来困难。遇到这种情况应要求制造单位补齐证件或拒收。

管子的质量证明书应包括的内容一般以其制造标准的规定为主，具体内容见本标准第 5. 2. 2 条。管件的质量证明书应包括的内容是根据 SH/T 3408—2012《石油化工钢制对焊管件》的规定进行编制的，以满足安全使用和质量追溯的要求，具体内容见本标准第 5. 2. 3 条。其他阀门、法兰、紧固件、垫片、金属波纹管膨胀节、爆破片安全装置及阻火器的质量证明书应包括的内容见本标准第 5. 3. 1 条、第 5. 4. 1 条、第 5. 5. 1 条、第 5. 6. 1 条、第 5. 7. 2 条、第 5. 8. 2 条和第 5. 9. 2 条。

本标准第 5. 1. 1 条规定：产品上还应具有许可标志。应对此予以关注并按照相关的规范检查产品的标志。

2. 附加要求

产品质量证明书的内容不仅应包括产品标准中已经明确规定的要求、技术数据和产品标识，还应包括产品标准中规定由订货双方协议确定的检验项目和结果，对管道组成件的无损检测(第 5. 2. 7 条、第 5. 2. 8 条、第 5. 3. 2 条)、低温冲击韧性(第 5. 1. 9 条)、耐晶间腐蚀性能(第 5. 1. 10 条)以及阀门的低温密封试验(第 5. 3. 4 条)、硬度(第 5. 1. 7 条)、铁素体含量(第 5. 1. 11 条)等专项要求，根据材料产品标准规定，一般需要用户根据设计文件的要求在订单或合同中加以规定(协议项目)。如果按一般材料标准进行采购，则产品质量证明书中不会有这些特殊项目的数据或结果，不能满足设计或施工规范的要求。这是当前压力管道组成件采购中比较常见的问题，应引起施工单位特别是采购部门的注意。

二、实物验收

实物验收包括外观验收和验证性检验。本标准明确管道组成件的到货验收标准的原则为：设计优先、产品标准优先。

1. 外观验收

外观验收应包括表面质量、尺寸规格和标志确认。外观的要求一般都是参考相应的产品标准编制的。对阀门的外观验收应执行本标准第 5. 3. 6 条、第 5. 3. 7 条、第 5. 3. 10 条、第 5. 3. 11 条、第 5. 3. 12 条、第 5. 3. 13 条和第 5. 3. 14 条的规定。对紧固件和垫片的外观验收应执行本标准第 5. 5. 2 条、第 5. 5. 3 条、第 5. 6. 1 条和第 5. 6. 3 条的规定。金属波纹管膨胀节、爆破片安全装置和阻火器都应对铭牌(第5.7.1条、第5.8.1条和第5.9.1条)核对后再进行验收，并按本标准要求(第5.7.3条、第5.8.3条和第5.9.3条)进行外观验收。

a) 管道组成件在使用前应逐件进行外观检查和尺寸规格确认，其表面质量应符合相应产品标准的规定(第5.1.5条)。对产品应进行100%外观检查，并符合设计文件的规定。设计文件包括管道材料表、阀门规格书、施工说明书及其规定的施工规范等。对所有压力管道使用的原材料均应进行外观检查，以确认其铭牌标识、外观质量和主要尺寸(如直径、壁厚、结构尺寸等)符合要求，不应存在设计或相应标准规范中规定的不允许缺陷，如裂纹、凹陷、孔洞、砂眼、重皮、焊缝外观不良、严重锈蚀和局部残损等现象。应与设计文件和产品质量证明文件对照检查，体现其一一对应的关系，以防止产品的假冒伪劣和混用。

b) 产品标识是说明产品特性的一组代码或标记，如制造厂标记、材料牌号(及代表材料牌号的色标)、产品标准号、批(件)号、规格等。其中有的具有唯一性，有的则不具有唯一性。而对于压力管道组成件来说，质量管理要求其标识具有唯一性。所谓标识的唯一性，就是某一标识具有不可混淆的特性，是针对某一批或某一件产品所特有的标识，根据这个标识可以对该件或该批产品的质量进行追溯。显然，在上述代码或标记中通常只有批(件)号具有唯一性。因此，只有在产品质量证明书和实物上同时标明批(件)号，这批(件)产品才具有可追溯性，本标准第5.2.4条对标志作了明确规定。

标志应贯穿管道安装的始终，管道系统安装完毕后还应检查材质标志(第7.2.33条)。

2. 合金元素验证性检验

在验证性检验工作中，合金钢组成件的合金元素分析国内目前一般采用快速X射线荧光分析法，即采用便携式光谱分析仪进行检测，能够直接且比较准确地读出合金元素含量。具体实施时应根据材料的使用特性确定需要进行分析的元素，光谱的分析精度应达到半定量要求，避免误用。除了光谱分析外，本标准第5.1.6条还提出可用“其他方法对主要合金元素含量进行验证性检验”。以前，“其他方法”主要是指用取样分析或点滴分析等化学分析方法，现在已有实验室的快速检测方法。

针对现场发生过耐热钢和碳钢材料混用的现象，本标准规定了对合金钢(铬钼合金钢)的验证性检验。在2011年版修订时，根据工程建设的现状，管道材料主要由采购单位采购，而不是由施工单位采购。SH/T 3501编制组认为到货验收的目的就是保证来料正确，因此增加了对含镍低温钢、含钼奥氏体不锈钢的验证性检验。这是为了区分铬钼合金钢、含镍低温钢和碳钢材料，以及区分含钼奥氏体不锈钢和一般不锈钢，因为这些材料从表面看颜色是一样的，难以仅凭目测区分。近些年现场偶尔有 200 系列不锈钢冒充 300 系列(如 TP304)的现象发生，双相钢的应用也在增多。所以在本次修订时，验证性检验又将含钼奥氏体不锈钢直接扩大到所有的不锈钢，以保证采购材料的正确性。这个规定与 GB/T 20801.4—2020《压力管道规范　工业管道　第 4 部分：制作与安装》的规定是一致的。GB/T 20801.4—2020《压力管道规范　工业管道　第 4 部分：制作与安装》的第 5.3 条规定：对于铬钼合金钢、含镍低温钢、不锈钢以及镍及镍合金、钛及钛合金材料的管道组成件，在使用前应采用光谱分析(PMI)或其他方法对合金元素进行检查。这当然也是相关规范标准协调一致的要求。

验证性检验的目的不是防止材料混用，因为管件有标识，混用的可能性不大；管子没下料前用色标来控制，所以混用的风险也不大，没有色标的管子必须进行光谱确认。管道系统安装完毕和试压前都应确认管道组成件的材质。相关要求如下：

a）在进行合金元素分析复查时，对于材料为铬钼合金钢、含镍低温钢或不锈钢的管子和管件，每批抽检 10%，且不应少于 1 件(第 5.2.5 条)。对于材料为铬钼合金钢、含镍低温钢或不锈钢的阀门，应对其阀体、阀盖及连接螺栓的主要合金元素含量进行验证性检验，每批抽检 10%，且不少于 1 件(第 5.3.9 条)。常用的铬钼钢和低温钢的化学成分见表 5-1 和表 5-2。

表 5-1　常见铬钼钢化学成分

序号	铬钼钢	元素含量/%							
		C	Mn	Si	S	P	Cr	Mo	V
1	20MoG	0.15~0.25	0.40~0.80	0.17~0.37	≤0.015	≤0.025		0.44~0.65	
2	A335-P1	0.10~0.20	0.30~0.80	0.10~0.50	≤0.025	≤0.025		0.44~0.65	
3	12CrMo	0.08~0.15	0.40~0.70	0.17~0.37	≤0.015	≤0.025	0.40~0.70	0.40~0.55	
4	A335-P2	0.10~0.20	0.30~0.61	0.10~0.30	≤0.025	≤0.025	0.50~0.81	0.44~0.65	
5	15CrMo	0.12~0.18	0.40~0.70	0.17~0.37	≤0.015	≤0.025	0.80~1.10	0.40~0.55	
6	A335-P12	0.05~0.15	0.30~0.61	≤0.50	≤0.025	≤0.025	0.80~1.25	0.44~0.65	
7	12Cr1Mo	0.08~0.15	0.30~0.60	0.17~0.37	≤0.015	≤0.025	1.00~1.50	0.45~0.65	
8	A335-P11	0.05~0.15	0.30~0.60	0.50~1.00	≤0.025	≤0.025	1.00~1.50	0.45~0.65	
9	12Cr1MoV	0.08~0.15	0.40~0.70	0.17~0.37	≤0.010	≤0.025	0.90~1.20	0.25~0.35	0.15~0.30
10	12Cr2Mo	0.08~0.15	0.40~0.60	≤0.50	≤0.015	≤0.025	2.00~2.50	0.90~1.13	
11	A335-P22	0.05~0.15	0.30~0.60	≤0.50	≤0.025	≤0.025	1.90~2.60	0.87~1.13	

序号	铬钼钢	元素含量/%							
		C	Mn	Si	S	P	Cr	Mo	V
12	12Cr5Mo	≤0.15	0.30~0.60	≤0.50	≤0.015	≤0.025	4.00~6.00	0.45~0.60	
13	A335-P5	≤0.15	0.30~0.60	≤0.50	≤0.025	≤0.025	4.00~6.00	0.45~0.65	
14	12Cr9Mo	≤0.15	0.30~0.60	0.25~1.00	≤0.015	≤0.025	8.00~10.00	0.90~1.10	
15	A335-P9	≤0.15	0.30~0.60	0.50~1.00	≤0.025	≤0.025	8.00~10.00	0.90~1.10	
16	10Cr9Mo1VNbN	0.08~0.12	0.30~0.60	0.20~0.50	≤0.010	≤0.020	8.0~9.5	0.85~1.05	0.18~0.25
17	A335-P91	0.08~0.12	0.30~0.60	0.20~0.50	≤0.010	≤0.020	8.0~9.5	0.85~1.05	0.18~0.25

表 5-2 常见低温钢化学成分

序号	低温钢	元素含量/%							
		C	Si	Mn	S	P	Cr	Mo	V
1	A333-1	≤0.30		0.40~1.06	≤0.025	≤0.025			
2	A333-3	≤0.19	0.18~0.37	0.31~0.46	≤0.025	≤0.025	3.18~3.82		
3	A333-6	≤0.30	≥0.10	0.29~1.06	≤0.025	≤0.025			
4	A333-8	≤0.13	0.13~0.32	≤0.90	≤0.025	≤0.025	8.40~9.60		
5	16MnDG	0.12~0.20	0.20~0.55	1.20~1.60	≤0.020	≤0.010			
6	10MnDG	≤0.13	0.17~0.37	≤1.35	≤0.020	≤0.010			≤0.007
7	09DG	≤0.12	0.17~0.37	≤0.95	≤0.020	≤0.010			≤0.007
8	09Mn2VDG	≤0.12	0.17~0.37	≤1.85	≤0.020	0.010			≤0.012
9	06Ni3MoDG	≤0.08	0.17~0.37	≤0.85	≤0.015	≤0.008	2.50~3.70	0.15~0.30	≤0.05
10	06Ni9DG	≤0.10	0.10~0.35	≤0.90	≤0.015	≤0.008	8.50~9.50		

b）铬钼合金钢、含镍低温钢和不锈钢的法兰、法兰盖和翻边短节，应对其主要合金元素含量进行验证性检验，每批抽检 10%，且不应少于 1 件(第 5.4.3 条)。

c）不锈钢、铬钼合金钢螺柱和螺母应采用光谱分析对其主要合金元素含量进行验证性检验，每批抽检比例应为 5%，且不应少于 10 件(第 5.5.4 条)。

d）本标准第 5.1.6 条规定：铬钼合金钢、含镍低温钢、不锈钢管道组成件应按本标准规定采用光谱分析或其他方法对主要合金元素含量进行验证性检验，并做好记录和标志。这是以便在安装完毕后进行材料标志核查(第 9.1.3 条)。这里所说的“标志”是材料检验状态标识的一种，是证明合金钢组成件的合金成分经检验确认符合规定的合格标志，无须检验报告。

e）管道系统安装完毕后应检查材质标志。铬钼合金钢、含镍低温钢、不锈钢发现无标志时应采用光谱分析验证性检查(第 7. 2. 33 条)。

3. 补充检验

补充检验是对有毒、可燃介质管道区别于其他管道的特殊要求，应按本标准规定执行。

a）设计压力等于或大于 10MPa 的管子和管件，外表面应逐件进行表面无损检测，且不得有线性缺陷。设计压力小于 10MPa 的输送 SHA1(1)介质、SHA1(2)中极度危害介质的管子和管件，每批应抽检 5%且不少于 1 件，进行表面无损检测，且不得有线性缺陷(第 5. 2. 7 条、第 5. 2. 8 条)。管子及管件经磁粉检测或渗透检测发现的表面超标缺陷允许修磨，修磨后的实际壁厚不得小于管子名义壁厚的 90%，且不应小于相应产品标准和设计文件规定的最小壁厚(第 5. 2. 9 条)。

b）设计压力等于或大于 10MPa 管道用的不锈钢、铬钼合金钢螺柱和螺母应进行硬度检测，每批抽检不应少于 2 件，硬度值应在设计文件或产品标准规定的范围内(第 5. 5. 5 条)。

c）设计温度低于-29℃的低温管道用的铬钼合金钢和不锈钢螺柱应进行低温冲击性能检验，每批抽检不应少于 2 根。试验结果应符合设计文件或产品标准的要求(第 5. 5. 6 条)。

d）有硬度要求的管子、管件及法兰应进行硬度检测，每批应抽检 1%，且不应少于 1 件(第 5. 1. 8 条)。这里的“要求”是指设计的要求。有金属环垫和透镜垫应逐件进行硬度检测(第 5. 6. 3 条)。

e）焊接阀门的焊接接头坡口应按规定的比例进行表面无损检测，检测结果不得有线性缺陷(第 5. 3. 15 条)。对标准抗拉强度下限值等于或大于 540MPa 的钢材及铬钼合金钢的坡口应进行 100%检测；对设计温度低于-29℃的非奥氏体不锈钢坡口每批应抽检 5%，且不应少于 1 个。

f）具有防静电结构的阀门应进行防静电荷聚集试验，当干燥阀门试验的电源电压不超过 12V 时，阀杆、阀体和阀芯间防静电电路电阻应小于 10Ω，每批应抽检 10%，且不应少于 1 台(第 5. 3. 16 条)。

4. 管道支承件的验收

管道支承件验收往往容易被忽略。管道支承件的材质、规格、型号、外观及几何尺寸应符合国家现行标准或设计文件规定(第 5. 10. 1 条)。因此对管道支承件也应进行验收检查，特别是在管道运行中有重要作用的固定支架、导向支架和弹簧支吊架的验收检查，弹簧支吊架上应有铭牌和位移指示板。铭牌内容包括支吊架型号、载荷范围、安装载荷、工作载荷、弹簧刚度、位移量、管线号、管架号、出厂编号及日期等。弹簧支吊架需要设置上、下定位销，定位销或块应在设计冷态值位置上(第 5. 10. 2 条)。减震和阻尼装置应设有铭牌。铭牌内容应包括产品名称、产品型号、制造标准、额定载荷、冷态位置、热态位置、出厂编号、出厂日期、制造单位等(第 5. 10. 3 条)。验收时应按照标准要求主要对铭牌的内容进行核查。另外，还应注意的有以下两点：

a）管道支承件也应具有产品的质量证明文件。这是 TSG D0001《压力管道安全技术监察规程——工业管道》的要求。

b）现场制作的管道支吊架材料应有质量证明书(第 7. 1. 15 条)。

三、抽样检查、检验

对进行抽样检验的管道组成件，应执行本标准第 5. 1. 12 条的规定：凡每批(同炉批号、同材质、同规格)按规定做抽样检查、检验的样品中，当有一件不合格时，应按原规定数的两倍抽检；若仍有不合格，则该批管道组成件和支承件不得验收，或对该批产品进行逐件验收检查。做合金元素验证性检验的管道组成件，当第一次抽检不合格时，则该批管道组成件不得验收。需要特别注意的是，合金元素验证性检验的要求是不一样的，只有一次抽检机会。

这里引入“每批”是指“同炉批号、同材质、同规格”的概念。这里的“炉批号”包括原材料的炉批号和产品的制造批号。根据原材料的炉批号可实现钢材的可追溯性，同炉的做一次化学元素分析，同批的做一次力学性能分析。可以认为同炉号化学成分相同，同批号力学性能相同。根据产品的制造批号或产品编号，要能实现产品质量的可追溯性。生产厂家为产品赋予制造批号或产品编号的方式方法可能不同，但能实现产品的可追溯性和唯一性即可。本标准对同时到货没有要求，因为同时到货虽然对施工单位的验收提供了方便，但实际上产品不一定是同时生产制造的。所以规定将“同炉批号、同材质、同规格”作为“每批”更为科学。

四、不锈钢铁离子污染

到货验收应分区管理，划定待检区、合格品区、不合格区。管道组成件应分区分类存放。不锈钢与碳钢、低合金钢不得直接接触(第 5. 1. 14 条)。

不锈钢与碳钢、低合金钢直接接触，是施工现场普遍存在的现象。如果两者长时间接触，会造成不锈钢的铁离子污染，导致不锈钢耐蚀性下降。

不锈钢污染还表现在交叉作业时。例如，当上层进行碳钢材料焊接作业时，若未做隔离防火措施，会出现碳钢焊渣掉落至下层的不锈钢设备、管道上的现象，导致铁离子污染。为防止因不锈钢污染而对工程质量造成危害，本标准对此进行了专项规定：

a）管道预制过程中应核对并保留管道组成件的标志，并做好标志的移植。在低温钢管道和不锈钢管道组成件进行标志移植时，不得使用钢印作标志（第7.1.2条）。

b）碳钢、碳锰钢可采用机械加工或火焰方法切割。含镍低温钢和铬钼合金钢宜采用机械加工方法切割。不锈钢应采用机械加工或等离子方法切割。若采用火焰或等离子切割，切割后应采用机械加工或打磨方法消除熔渣和氧化皮，使表面平整并露出金属光泽（第7.1.3条）。

c）不锈钢管道静电接地专用接地板应采用不锈钢板制作，接地引线不得与不锈钢管直接连接（第7.2.14条）。

d）不锈钢管道与支吊架上碳钢材料之间应垫入不锈钢薄板或氯离子含量不超过50mg/kg的非金属材料隔离垫（第7.2.27条）。

五、不锈钢主要合金元素

本标准第5.1.6条规定：铬钼合金钢、含镍低温钢、不锈钢管道组成件应按本标准规定采用光谱分析或其他方法对主要合金元素含量进行验证性检验，并做好记录和标志。

下面对不锈钢主要合金元素进行说明：不锈钢是钢的一种，钢的主要元素是铁。铁元素约占不锈钢成分的60%~70%，是不锈钢的基本组成元素。不锈钢的其他组成元素的作用如下：铬是铁素体形成的基本元素，是不锈钢保持耐蚀性的基本元素；镍是奥氏体形成的主要元素，能减缓钢的腐蚀现象及在加热时晶粒长大；钼是碳化物形成元素，所形成的碳化物极为稳定，能阻止奥氏体加热时晶粒长大，减小钢的过热敏感性；钼元素能使钝化膜更致密牢固，提高不锈钢的耐氯离子腐蚀性；钛和铌是强碳化物形成元素，能提高钢的耐晶间腐蚀能力。

常用不锈钢管的主要成分见表5-3。

表5-3　常用不锈钢管主要成分

序号	材质	元素含量/%						
		C	Cr	Ni	Mo	Ti	Nb	其他
1	TP304	≤0.08	18.0~20.0	8.0~11.0	—	—	—	
2	TP304L	≤0.03	18.0~20.0	8.0~12.0	—	—	—	

序号	材质	元素含量/%						
		C	Cr	Ni	Mo	Ti	Nb	其他
3	TP316	≤0. 08	16. 0~19. 0	11. 0~14. 0	2. 0~3. 0	—	—	
4	TP316L	≤0. 03	16. 0~18. 0	10. 0~15. 0	2. 0~3. 0	—	—	
5	TP321	≤0. 08	17. 0~20. 0	9. 0~13. 0	—	-0. 70		
6	TP321H	0. 04~0. 10	17. 0~20. 0	9. 0~13. 0	—	-0. 70		
7	TP347	≤0. 08	17. 0~20. 0	9. 0~13. 0	—	—	-1. 0	
8	TP347H	0. 04~0. 10	17. 0~20. 0	9. 0~13. 0	—	—	-1. 0	
9	S31803	≤0. 03	21. 0~23. 0	4. 5~6. 5	2. 5~3. 5	—	—	
10	S32750	≤0. 03	24. 0~26. 0	6. 0~8. 0	3. 0~5. 0			

六、交货状态

本标准第 5. 2. 3 条在管件的质量证明书应包括的内容中增加了对交货状态的要求。这是根据管件制造标准 SH/T 3408—2012《石油化工钢制对焊管件》的规定进行编制的。

交货状态是指交货产品的最终塑性变形或最终热处理的状态。订货时，交货状态需要在合同中注明。一般不经过热处理交货的称为热轧或冷拔(轧)状态或制造状态；经过热处理交货的称为热处理状态。

SH/T 3408—2012《石油化工钢制对焊管件》规定：

a）采用冷加工成型的管件，成型后应进行整体热处理。热处理有正火或消除应力、正火+回火、固溶处理、固溶处理+稳定化处理等方法。

b）采用热加工成型的管件，对铬钼钢和不锈钢管件应进行热处理；对碳素钢管件，如果最终成型温度低于 750℃，也应进行热处理。热处理方法主要有正火或消除应力、正火+回火、固溶处理、固溶处理+稳定化处理等。

第六章　阀门试验

本标准此次修订增补完善了有关阀门检验和阀门试验的内容。

有关阀门验收的内容，见本标准第 5.3 节。有关阀门试验的内容，则在本标准的第 6 章独立成章，并将内容划分为 5 节，分别是一般规定、壳体试验、密封试验、上密封试验、安全阀调整试验。

一、一般规定

本标准中的阀门试验是指在安装前对工艺阀门进行的压力试验，包括阀门壳体压力试验、密封试验和上密封试验(仅适用于具有上密封结构的阀门)，常见的具有上密封结构的阀门有闸阀、截止阀，而球阀、蝶阀、旋塞阀、止回阀等一般没有上密封结构。当设计文件(含采购技术附件)对阀门的压力试验有要求时，按设计文件执行，否则执行本标准。

1. 试验比例

目前阀门的压力试验比例各标准规定不一致，如 GB/T 20801.4—2020《压力管道规范　工业管道　第 4 部分：制作与安装》第 5.4.1 条规定：用于 GC1 级管道的阀门，应逐个进行压力试验；用于 GC2 级管道的阀门，按每个检验批抽 10%，且不少于 1 个进行；用于 GC3 级管道的阀门，按每个检验批抽 5%，且不少于 1 个进行。工艺阀门一般没有位号，安装前经常无法区分是用于何种级别的管道，同时考虑到用于石油化工管道阀门介质的危险性以及以往工程实践，本标准试验比例仍与 2011 年版一致，即要求逐件进行。

阀门应逐个进行壳体试验和密封试验。具有上密封结构的阀门，应逐个进行上密封试验(第 6.1.2 条)。考虑到目前我国阀门制造和采购的质量控制水平有所提高，并参考相关国际标准和惯例，本标准 2011 年版就已经取消了施工现场对阀门解体检查的要求。

本标准第 6.1.2 条规定：到制造厂逐件见证阀门试验并有见证记录的阀门，可以免除阀门现场试验。这一规定减少了现场阀门试验的数量，避免了重复试验所造成的不必要的浪费。

有业主代表(包括其委托人)到制造厂逐个见证阀门试验且有书面见证记录的，现场可不再进行压力试验。一般来讲，施工现场阀门试压的设施、条件和环境，不如制造厂家。因此，对于现场试压难度大的阀门，如阀门结构复杂、规格尺寸大、高压焊接连接阀门，或阀门制造商不允许再进行水压试验的阀门，可采取到制造厂逐个见证的方法，从而免除阀门现场试验。进行见证试验时需要注意的是，对于制造厂家进行阀门试验需要加设内盲板的，试验完成后应将盲板割除并严格把关打磨质量，按规定进行逐件见证记录。

见证试验后的阀门，吊装、运输等过程应避免对阀体或阀门密封性能产生影响，可采取下列必要措施：

a）当阀门装运起吊时，绳索应系在法兰处或支架上，切忌系在手轮或阀杆上。阀门吊装要轻起轻放，放置要平稳。按制造厂家阀门要求进行放置，阀杆向上，并用绳索捆牢固定，以免在运输中互相碰撞。

b）在阀门运输前，应检查阀门包装是否符合要求。阀门应处于全闭状态，传动装置应与阀门分别包装运输。

c）在阀门运输过程中，要注意保护阀门油漆、铭牌和法兰密封面等，不允许在地面上拖拉阀门，防止阀门的手轮破损、阀杆弯曲、支架断裂、法兰密封面的磕碰损坏。

2. 试验介质

阀门试验介质为液体时，可选择水、煤油或黏度不高于水的非腐蚀性液体；阀门试验介质为气体时，可用空气、氮气或其他惰性气体(第 6.1.3 条)。试验介质是从经济性、安全性和可靠性方面考虑的，阀门壳体压力试验及高压密封试验一般采用水作试验介质，阀门低压密封试验一般采用空气。

用水作试验介质时，允许添加防锈剂。不锈钢阀门试验用水的氯离子含量不得超过 50mg/L(第 6.1.3 条)。这是为了防止不锈钢阀门被氯离子应力腐蚀。SH 3518—2013《石油化工阀门检验与管理规程》规定：氯化物含量不超过 100mg/L，换算后与氯离子含量不得超过 50mg/L 是等值的。关于氯离子含量国内相关标准的规定如下：

SH 3518—2013《石油化工阀门检验与管理规范》第 5.1.3 条规定：奥氏体不锈钢阀门试验用水的氯化物含量不得超过 100mg/L。

GB/T 26480—2011《阀门的检验和试验》规定：奥氏体不锈钢阀门试验用水的氯化物含量不得超过 100mg/L。

GB/T 13927—2008《工业阀门　压力试验》规定：奥氏体不锈钢阀门试验用水的氯化物含量不得超过 100mg/L。

GB/T 20801.4—2020《压力管道规范　工业管道　第 4 部分：制作与安装》要求按 GB/T 13927《工业阀门　压力试验》执行。

GB/T 50235—2010《工业金属管道工程施工规范》、GB/T 50184—2011《工

业金属管道工程施工质量验收规范》规定：奥氏体不锈钢试验用水的氯离子含量不超过 25mg/L，不论阀门试验还是管道试压。

关于氯离子含量国外相关标准的规定如下：

API STD 598－2009《Valve Inspection and Testing》(阀门检验与试验)规定：奥氏体不锈钢阀门试验用水的氯化物含量不得超过 100mg/L。API STD 598－2016《Valve Inspection and Testing》(阀门检验与试验)规定：奥氏体不锈钢阀门试验用水的氯化物含量不得超过 50mg/L。

本次修订参考了以上相关规定，结合工程现状，并和 GB 50517—2010《石油化工金属管道工程施工质量验收规范》(2022 年版)协调一致，分别在本标准第 6. 1. 4 条、第 9. 1. 10 条和第 9. 2. 4 条规定：奥氏体不锈钢阀门试验用水、管道试压用水、水冲洗的氯离子含量都不得超过 50mg/L。

本标准第 6. 1. 9 条要求：用液体进行压力试验时，试验前注入液体时应排净阀门内的空气，试验完毕后应排净积液，避免对阀门造成腐蚀等损伤，不锈钢阀门还应用气体吹干。这也是防止阀门腐蚀的措施。

3. 试验介质温度

本标准对于阀门试验介质的温度也作了规定。当环境温度过低时，水压试验会对阀门造成损伤，因此需要采取防冻措施。本标准第 6. 1. 6 条规定：试验介质的温度宜为 5～38℃。当环境温度低于 5℃时，应采取防冻措施。

4. 试验用压力表

为保证试验压力的准确度，要求至少用 2 块在校验合格有效期内的压力表，并对试验用压力表的精度、量程作了规定(第 6. 1. 8 条)。

5. 阀门要求

阀门进行试验，对阀门本身也有要求。阀门密封面上的油渍、污物、防渗漏的油脂会影响阀门的密封试验，因此试验前应清除。所以本标准第 6. 1. 7 条规定：阀门试验前，应除去密封面上的油渍和污物，不得在密封面上涂抹防渗漏的油脂。

试验合格的阀门应做好标识，试验不合格的阀门应进行隔离，避免未进行试验或将试验不合格的阀门安装到管道上，具体规定见本标准第 6. 1. 10 条。

6. 特殊阀门

因为氧气介质用阀门在制造厂已经进行了脱脂处理，因此试验介质不允许含油(第 6. 1. 5 条)，有些氧气介质用阀门制造厂不建议在现场再进行水压试验。

有些阀门由于结构、材质、使用工况等原因，制造厂对阀门压力试验会有些特殊要求，应注意避免压力试验对阀门造成损伤。所以本标准第 6. 1. 11 条规定：阀门制造厂有特殊要求时，应按制造厂要求执行。

二、试验压力

SH 3518—2013《石油化工阀门检验与管理规程》第5.2.1条规定：当钢制阀门壳体试验的试验介质采用液体时，试验压力应为阀门公称压力的1.5倍；当试验介质采用气体时，试验压力应为阀门公称压力的1.1倍。试验压力以公称压力为基准，这个规定给施工现场阀门试验带来了便利，因为阀门壳体上都有明显的公称压力标识，施工人员可以很方便地找到或核查阀门试验压力的基准。

但是将阀门的公称压力作为阀门壳体试验压力的计算基准是不合适的。对于某些材质的阀门，按公称压力计算的试验压力要高于按冷态工作压力计算的试验压力。相关的规定如下：

a）API STD 598-2016《Valve Inspection and Testing》（阀门检验与试验）规定：当钢制阀门壳体试验的试验介质采用液体时，壳体试验压力应为38℃（100℉）时的压力额定值的1.5倍，并加大圆整到邻近的bar。

b）GB/T 26480—2011《阀门的检验和试验》［对应API STD 598-2009《Valve Inspection and Testing》（阀门检验与试验）］规定：当钢制阀门壳体试验的试验介质采用液体时，壳体试验压力应为38℃最大允许工作压力的1.5倍，试验压力值并加大圆整到邻近0.1MPa。

c）GB/T 50235—2010《工业金属管道工程施工规范》规定：钢制阀门的壳体试验压力应为阀门在20℃时最大允许工作压力的1.5倍。

d）GB/T 13927—2008《工业阀门　压力试验》规定：钢制阀门的壳体试验压力应为阀门在20℃时最大允许工作压力的1.5倍。阀门试验加压到1.5CWP（冷态工作压力）。

e）GB/T 12224—2015《钢制阀门　一般要求》［对应ISO 5208-2008《Industrial Valves—Pressure Testing of Metallic Valves》（工业阀门—金属阀门的压力试验）］规定：壳体压力试验值不低于38℃压力额定值的1.5倍，其数值圆整到0.1MPa。

f）GB/T 20801—2020《压力管道规范　工业管道》规定：阀门试验执行GB/T 13927《工业阀门　压力试验》。

关于阀门试验压力的基准值，出现了“38℃时的压力额定值”“38℃时的最大允许工作压力”“20℃时最大允许工作压力”等不同的说法，其实这些实际的数值相同。对于绝大多数阀门而言，在38℃时的最大允许工作压力和在20℃时的最大允许工作压力是一样的。在GB/T 12224—2015《钢制阀门　一般要求》附表中有如下叙述：Class系列阀门标准压力-温度额定值，在-29~38℃区间内数值相同；PN 系列阀门标准压力-温度额定值，在-10~50℃区间内数值相同。

因此本标准的阀门压力试验值与 GB 50235《工业金属管道工程施工规范》、GB/T 20801《压力管道规范　工业管道》的规定以及在制造厂的试验值协调一致。根据 GB/T 13927—2008《工业阀门　压力试验》引入了冷态工作压力的定义，将试验压力的计算依据定为冷态工作压力。本标准第 6.2.1 条规定：试验压力应为阀门冷态工作压力的 1.5 倍。试验压力值应加大圆整到邻近 0.1MPa。

为方便在阀门试压时查找阀门试验压力基准值即冷态工作压力，根据 GB/T 12224—2015《钢制阀门　一般要求》整理了 Class 系列阀门冷态工作压力(见表 6-1)、PN 系列阀门冷态工作压力(见表 6-2)、Class 系列钢制阀门承压件常用材料(见表 6-3)、PN 系列钢制阀门承压件常用材料(见表 6-4)，供现场参考使用。

表 6-1　Class 系列阀门冷态工作压力

<table>
<tr><th rowspan="3">序号</th><th rowspan="3">组别</th><th rowspan="3">钢号</th><th colspan="7">公称压力</th></tr>
<tr><th>Class150</th><th>Class300</th><th>Class600</th><th>Class900</th><th>Class1500</th><th>Class2500</th><th>Class4500</th></tr>
<tr><th colspan="7">冷态工作压力/MPa</th></tr>
<tr><td>1</td><td>1.1</td><td>WCB、A105</td><td>1.96</td><td>5.11</td><td>10.21</td><td>15.32</td><td>25.53</td><td>42.55</td><td>76.59</td></tr>
<tr><td rowspan="5">2</td><td>1.2</td><td>WCC、LCC、LC2、LC3</td><td rowspan="5">1.98</td><td rowspan="5">5.17</td><td rowspan="5">10.34</td><td rowspan="5">15.51</td><td rowspan="5">25.86</td><td rowspan="5">43.09</td><td rowspan="5">77.57</td></tr>
<tr><td>1.7</td><td>WC4、WC5、F2</td></tr>
<tr><td>1.9</td><td>WC6、F11、14Cr1Mo</td></tr>
<tr><td>1.10</td><td>WC9、F22</td></tr>
<tr><td>1.17</td><td>ZG15Cr1MoG、15CrMo、F12</td></tr>
<tr><td>3</td><td>1.3</td><td>WC1、LC1、LCB、16MnD</td><td>1.84</td><td>4.80</td><td>9.60</td><td>14.41</td><td>24.01</td><td>40.01</td><td>72.03</td></tr>
<tr><td>4</td><td>1.4</td><td>09MnNiD</td><td>1.63</td><td>4.26</td><td>8.51</td><td>12.77</td><td>21.38</td><td>35.46</td><td>63.83</td></tr>
<tr><td rowspan="6">5</td><td>1.13</td><td>C5、1Cr5Mo、F5a</td><td rowspan="6">2.00</td><td rowspan="6">5.17</td><td rowspan="6">10.34</td><td rowspan="6">15.51</td><td rowspan="6">25.86</td><td rowspan="6">43.09</td><td rowspan="6">77.57</td></tr>
<tr><td>1.14</td><td>C12、F9</td></tr>
<tr><td>1.15</td><td>C12A、F91</td></tr>
<tr><td>1.17</td><td>F12、F5</td></tr>
<tr><td>1.18</td><td>F92、P92</td></tr>
<tr><td>2.8</td><td>S31254、S31803</td></tr>
</table>

续表

序号	组别	钢号	公称压力						
			Class150	Class300	Class600	Class900	Class1500	Class2500	Class4500
			冷态工作压力/MPa						
6	2.1	CF3、CF8、F304	1.90	4.96	9.93	14.89	24.82	41.37	74.46
	2.2	CF3M、CF8M							
	2.4	321、321H							
	2.5	347、347H							
	2.6	309H							
	2.7	F310H							
	2.9	309S							
	2.11	CF8C							
7	2.3	F304L	1.59	4.14	8.27	12.41	20.68	34.47	62.05
	3.4	M35-1							
	3.15	N-12MV							
	3.17	CN7M							
8	2.10	CH8	1.78	4.63	9.27	13.90	23.17	38.61	69.50
	2.12	CK20							
	3.12	CN3MN							

表 6-2　PN 系列钢制阀门冷态工作压力(标准压力级)

序号	材料组别	公称压力							
		*PN*2.5	*PN*6	*PN*10	*PN*16	*PN*25	*PN*40	*PN*63	*PN*100
		冷态工作压力/MPa							
1	1C1	0.252	0.605	1.008	1.61	2.52	4.03	6.35	10.08
2	1C2、1C7、1C9、1C10、1C11、1C13、1C14、1C15、2C8、3E1、4E0、5E0、6E0、6E1、7E0、7E2、7E3、10E1、13E1、16E0	0.255	0.612	1.021	1.63	2.55	4.08	6.43	10.21

续表

序号	材料组别	公称压力							
		*PN*2.5	*PN*6	*PN*10	*PN*16	*PN*25	*PN*40	*PN*63	*PN*100
		冷态工作压力/MPa							
3	1C3、1C5	0.236	0.567	0.945	1.51	2.36	3.78	5.95	9.45
4	1C4、1C8、1C12	0.21	0.504	0.840	1.34	2.1	3.36	5.29	8.40
5	1C6	0.201	0.483	0.805	1.29	2.01	3.22	5.07	8.05
6	2C1、2C2、2C4、2C5	0.245	0.588	0.980	1.57	2.45	3.92	6.17	9.80
7	2C3	0.204	0.490	0.816	1.31	2.04	3.27	5.14	8.16
8	2C6、2C7	0.229	0.549	0.914	1.46	2.29	3.66	5.76	9.14
9	1E0	0.228	0.548	0.914	1.46	2.28	3.65	5.76	9.14
10	2E0、3E0	0.244	0.585	0.974	1.56	2.44	3.90	6.14	9.74
11	10E0、15E0	0.249	0.597	0.995	1.59	2.49	3.98	6.27	9.95
12	11E0、12E0	0.237	0.568	0.947	1.52	2.37	3.79	5.97	9.47
13	13E0	0.225	0.540	0.900	1.44	2.25	3.60	5.67	9.00
14	14E0	0.243	0.583	0.971	1.55	2.43	3.88	6.12	9.71

表 6-3 Class 系列钢制阀门承压件常用材料

序号	材料组别	钢号
1	1.1	铸件 WCB，锻件 A105
2	1.2	铸件 WCC、LCC、LC2、LC3
3	1.3	铸件 WC1、LC1、LCB，管材 B65、Q345
4	1.4	锻件 09MnNiD，板材 09MnNiDR
5	1.7	铸件 WC4、WC5
6	1.9	铸件 WC6，锻件 F11、14Cr1Mo，板材 14Cr1MoR
7	1.10	铸件 WC9，锻件 F22、12Cr2Mo1，板材 12Cr2Mo1R
8	1.13	铸件 C5，锻件 F5a，1Cr5Mo
9	1.14	铸件 C12，锻件 F9，铸件 ZG14Cr9Mo1G
10	1.15	铸件 C12A，锻件 F91，管材 P91
11	1.17	铸件 ZG15Cr1MoG，锻件 F5a、15CrMo，板材 15CrMoR，锻件 F12
12	1.18	锻件 F92，管材 P92

续表

序号	材料组别	钢号
13	2. 1	铸件 CF8、CF10，锻件 F304、F304H，板材 304H，管材 TP304、TP304H、06Cr19Ni10
14	2. 2	铸件 CF8M、CF10M、CG3M、CG8M，锻件 06Cr17Ni12Mo2、F316、F317、F316H、F317H，板材 06Cr17Ni12Mo2、316、316H、317H，管材 TP316、TP317H、06Cr17Ni12Mo2
15	2. 3	铸件 CF3、CF3M，锻件 022Cr19Ni10、022Cr17Ni12Mo2、022Cr19Ni13Mo3、F304L、F316L、F317L，板材 022Cr19Ni10、022Cr17Ni12Mo2、022Cr19Ni13Mo2、304L、316L、317L，管材 022Cr19Ni10、022Cr17Ni12Mo2、TP304L、TP316L
16	2. 4	铸件 ZG08Cr18Ni19Ti、ZG12Cr18Ni19Ti，锻件 06Cr18Ni11Ti，板材 06Cr18Ni11Ti，管材 06Cr18Ni11Ti，管材 TP321H，锻件 F321、F321H，板材 321、321H，管材 TP321
17	2. 5	铸件 CF8C，锻件 06Cr18Ni11Nb，板材 06Cr18Ni11Nb，管材 TP347H，锻件 F347，板材 347，管材 TP347，锻件 F347H，板材 347H
18	2. 6	板材 309H、06Cr23Ni13，管材 TP309H
19	2. 7	锻件 F310H、06Cr25Ni20，板材 310H、06Cr25Ni20，管材 TP310H
20	2. 8	铸件 CK3MCuN、CD3MN，锻件 F44、F55、022Cr23Ni15Mo3N、03Cr25Ni6Mo3Cu2N，板材 S31254、022Cr23Ni15Mo3N、022Cr25Ni7Mo4WCuN，管材 S31254，铸件 CE8MN，锻件 F51、F53，板材 S31803、S32760，管材 S31803、S32750、S32760
21	2. 9	板材 309S、310S
22	2. 10	铸件 CH8、CH20
23	2. 11	铸件 CF8C
24	2. 12	铸件 CK20
25	3. 4	铸件 M-35-1，锻件 NCu30，板材 NCu30，管材 N04400
26	3. 12	铸件 CN3MN
27	3. 15	铸件 N-12MV、CW-12MV
28	3. 17	铸件 CN7M

表 6-4　PN 系列钢制阀门承压件常用材料

序号	材料组别	钢号
1	1C1	铸件 WCB，锻件 A105、LF2，板材 70，管材 B70、C70
2	1C2	铸件 WCC、LCC、LC2、LC3，锻件 LF3

续表

序号	材料组别	钢号
3	1C3	铸件 LCB，板材 65，管材 B65、C65
4	1C4	锻件 LF1，板材 60，管材 B60、C60
5	1C5	铸件 WC1、LC1，锻件 F1，管材 CM-70
6	1C6	板材 2C1. 1、2C1. 2，管材 0. 5CR
7	1C7	铸件 WC4、WC5，锻件 F2，管材 CM-75
8	1C8	板材 11C1. 1、12C1. 2、22C1. 1，管材 P11、P12、FP11、FP12、P22、FP22
9	1C9	铸件 WC6，锻件 F11C12、F12C12，板材 11C12
10	1C10	铸件 WC9，锻件 F22C12，板材 22C1
11	1C11	锻件 F21，板材 21C1. 2，板材 C1. 2
12	1C12	板材 5C1. 1、5C1. 2，管材 5CR
13	1C13	铸件 C5，锻件 F5、F5a
14	1C14	铸件 C12，锻件 F9
15	1C15	铸件 C12A，锻件 F91，板材 91C1. 2，管材 P91
16	2C1	铸件 CF3、CF8，锻件 F304、F304H，板材 304、304H，管材 TP304、FP304、TP304H、FP304H
17	2C2	铸件 CF3A、CF8A，CF3M、CG8M，锻件 F316、F317，板材 316、317，管材 TP316、FP316，锻件 F316H、F317H，板材 316H，管材 TP316H、FP316H
18	2C3	锻件 F304L，板材 304L，管材 TP304L，锻件 F316L，板材 316L，管材 TP316L
19	2C4	锻件 F321，板材 321，管材 TP321、FP321，板材 321H，管材 TP321H、FP321H
20	2C5	铸件 CF8C，锻件 F347，板材 347、348，管材 TP347、TP348、FP347，锻件 F347H，板材 347H、348H，管材 TP347H、TP348H、FP347H
21	2C6	铸件 CH20、CH8，板材 309H、309S，管材 TP309H、309H
22	2C7	铸件 CK20，板材 310H、310S，管材 TP310H、310H
23	2C8	铸件 CK3MCuN、CD3MWCuN、CD4MCu、CE8MN，锻件 F44，F51、F53、F55，板材 S31254，S31803、S32750、S32760，管材 S31254
24	1E0	板材 Q235A、Q235B
25	2E0	铸件 WCA、LCA，锻件 20、09MnNiD，板材 Q245R、20、09MnNiDR
26	3E0	铸件 WCB、LCB，锻件 A105、16MnD、16Mn、15MnV，板材 Q345R、16MnDR
27	3E1	铸件 WCC

续表

序号	材料组别	钢号
28	4E0	铸件 WC1、LC1、ZG19MnG，锻件 20MnMo、20MnMoD
29	5E0	铸件 WC6、ZG15Cr1MoG，锻件 15CrMo，板材 15CrMoR
30	6E0	铸件 WC9、ZG12Cr2Mo1G，锻件 12Cr2Mo1，板材 12Cr2Mo1R
31	6E1	铸件 ZG16Cr5MoG，板材 1Cr5Mo
32	7E0	铸件 LCC
33	7E2	铸件 LC2、ZG24Cr2MoD，锻件 08MnNiCrMoVD
34	7E3	铸件 LC3、LC4、LC9
35	10E0	铸件 CF3，锻件 00Cr19Ni10，板材 022Cr19Ni10，管材 00Cr19Ni10
36	10E1	板材 022Cr19Ni10N，管材 00Cr18Ni10N
37	11E0	铸件 CF8，锻件 0Cr18Ni9，板材 06Cr19Ni10，管材 0Cr18Ni9
38	12E0	铸件 ZG08Cr20Ni10Nb、ZG0Cr18Ni9Ti，锻件 0Cr18Ni10Ti，板材 06Cr18Ni11Ti、06Cr18Ni11Nb，管材 06Cr18Ni11Ti、06Cr18Ni11Nb
39	13E0	铸件 CF3M、ZG03Cr19Ni11Mo2、ZG03Cr19Ni11Mo3，锻件 00Cr17Ni14Mo2，板材 022Cr17Ni12Mo2、022Cr19Ni13Mo3、015Cr21Ni26Mo5Cu2，管材 00Cr17Ni14Mo2、00Cr19Ni13Mo3
40	13E1	板材 022Cr17Ni12Mo5N、022Cr19Ni16Mo2N，管材 00Cr17Ni13Mo2N
41	14E0	铸件 CF8M、ZG07Cr19Ni11Mo2、ZG07Cr19Ni11Mo3，锻件 0Cr17Ni12Mo2，板材 06Cr17Ni12Mo2、06Cr19Ni13Mo3，管材 0Cr17Ni12Mo2、0Cr19Ni13Mo3
42	15E0	铸件 ZG08Cr18Ni12Mo2Ti，锻件 08Cr18Ni12Mo2Ti，板材 06Cr17Ni12Mo2Ti、06Cr17Ni12Mo2Nb，管材 08Cr18Ni12Mo2Ti
43	16E0	板材 022Cr22Ni5Mo3N、022Cr23Ni5Mo3N

三、阀门试验

1. 壳体试验

本标准对壳体试验步骤及结果判定的要求与 2011 年版一致，对保压最短时间的要求与 GB/T 13927《工业阀门　压力试验》一致。需要注意的是，阀门一般不要求进行气体压力试验，所以本标准没有对气压试验的要求进行规定，只是规定：当需使用气体介质试验时，应按 GB/T 13927 的有关规定执行（第 6.2.2 条）。

当由于其他原因采用气体进行壳体试验时，因为气体压力试验安全风险较大，必须先进行液体压力试验合格，且应采取安全防护措施，气体试验压力应执行 GB/T 13927《工业阀门　压力试验》的规定：在 20℃ 时允许最大工作压力的 1.1 倍(1.1CWP)，CWP 为冷态工作压力。

2. 密封试验

密封试验包括高压密封试验和低压密封试验。密封试验应该在阀门壳体压力试验合格后进行(第 6.3.1 条)。

a) 本标准考虑到试验的安全性，高压密封试验介质一般采用液体，多采用洁净水，试验压力为冷态工作压力的 1.1 倍(第 6.3.2 条)。这与本标准 2011 年版所规定的公称压力的 1.1 倍不同，但是与 API STD 598《Valve Inspection and Testing》(阀门的检验和试验)和 GB/T 13927《工业阀门　压力试验》的要求一致。对于采用动力驱动装置(包括电动、气动、液电联动)的截止阀和截止止回阀，由于动力驱动装置选型通常按设计压差进行计算，所以高压密封试验压力按设计压差(一般小于冷态工作压力)的 1.1 倍执行，以验证执行机构操作时阀门的密封性能。低压密封试验介质为气体，一般采用空气，试验压力为 0.6MPa。

b) 一般情况下，阀门密封试验的项目应按本标准表 6.3.3 和表 6.3.4 执行，表中的"任选"项目一般不进行该试验，但当阀门的订货合同(含技术附件)有要求时，需要进行该试验。

c) 本标准所规定的阀门密封试验的最短保压时间与 GB/T 13927《工业阀门　压力试验》一致，阀门密封试验的泄漏率与本标准 2011 年版及 API STD 598《Valve Inspection and Testing》(阀门的检验和试验)一致，金属密封阀门泄漏率比 GB/T 13927《工业阀门　压力试验》严格，符合石油化工对阀门的密封要求。其中对于公称直径大于 *DN*50 的金属密封阀门(止回阀除外)所规定的每分钟最大允许泄漏率为：液体试验为 $2\times DN/25$(液滴数)，气体试验为 $3\times DN/25$(气泡数)。对于公称直径大于或等于 *DN*50 的金属密封止回阀所规定的最大允许泄漏率为：液体试验为每分钟 $3\times DN/25$mL，气体试验为每小时 $0.042\times DN/25\text{m}^3$。

d) 对于公称压力小于 *PN*10 且公称直径等于或大于 *DN*600 的闸阀可不单独进行密封试验，宜用色印方法对闸板密封副进行检查，接合面连续为合格(第 6.3.7 条)。本条规定与 GB/T 20801.4—2020《压力管道规范　工业管道　第 4 部分：制作与安装》有差异，该标准第 5.4.3 条规定：经设计者或业主同意，对于公称压力小于或等于 *PN*100 且公称直径大于或等于 *DN*600 的闸阀，可随管道系统进行压力试验，密封试验可采用色印方法。

e) 本标准第 6.3.8 条规定：在进行密封试验时，引入试验介质和施加压力的方向，不同类型的阀门要求不一样，试验时要注意阀体上标记的介质流向，没有标记介质流向的阀门，双侧都要进行试验。

3. 上密封试验

在常用的工艺阀门中，通常闸阀和截止阀具有上密封结构，而球阀、蝶阀、止回阀等阀门没有上密封结构，因此对闸阀、截止阀需要进行上密封试验。但波纹管密封的闸阀和截止阀通常没有上密封结构，不需要进行上密封试验。

上密封试验的目的是检验阀门上密封的密封性能，因此试验时应松开填料压盖(第6.4.3条)，即不让阀门填料起到密封作用，观察阀杆填料处的情况，不得有可见泄漏和表面潮湿。

值得注意的是，上密封试验压力取冷态工作压力的1.1倍(第6.4.2条)，而不是以公称压力作为计算基准。试验介质为液体，和壳体试验一样，一般采用洁净水，所以通常在壳体试验后，一并进行，然后放净吹干。这里要再次说明的是，对于软密封球阀，其公称压力与阀门冷态工作压力差距非常大，如果按公称压力计算试验压力而进行试验，有可能损坏阀座，从而影响阀门的使用。

四、安全阀调整试验

安全阀调整试验的规定是按照TSG ZF001—2006《安全阀安全技术监察规程》中有关要求编制的，是安全阀调整试验的基本要求。安全阀校验可委托专门机构进行，亦可由取得相应资质的安装单位进行。按照TSG ZF001—2006《安全阀安全技术监察规程》的要求，安全阀的校验项目一般包括整定压力、密封性能、回座压力校验。本标准第6.5.1条对其作了规定。

a) 整定压力是指安全阀在运行条件下开始开启的预定压力，是在阀门进口处测量的表压力。在该压力下，规定的运行条件下由介质压力产生的使阀门开启的力同使阀瓣保持在阀座上的力相互平衡。

b) 回座压力是指安全阀排放后其阀瓣重新与阀座接触，即开启高度变为零时的进口静压力。回座压力在进行校验时，如设计文件无规定，回座压力应不小于工作压力的0.9倍(第6.5.1条)。

c) 密封试验压力是指进行密封试验时的进口压力，在该压力下测量通过阀瓣与阀座密封面间的泄漏率。校验方法可按照TSG ZF001—2006《安全阀安全技术监察规程》的要求进行，弹簧直接载荷式安全阀的试验应符合GB/T 12243—2021《弹簧直接载荷式安全阀》的规定。

d) 安全阀的调整试验合格后，应重新进行铅封(第6.5.2条)，且铅封应当是必须被破坏后才能进行调整的形式，防止调整后的状态发生改变。铅封处应有标牌，标牌上的相关标识和信息应符合要求，并具有可追溯性，校验过程应及时记录相关数据，并根据校验记录出具签发校验报告。具体规定见本标准第6.5.3条。

e）根据 TSG ZF001—2006《安全阀安全技术监察规程》附录 E 的要求：

1）用于蒸汽的安全阀，其试验需要用蒸汽进行。

2）用于空气或其他气体介质的安全阀，其试验可以用空气进行。

3）用于液体的安全阀，其试验可以用水进行。

本标准适用介质为有毒、可燃介质，所以工作介质为气体时，试验介质采用空气，工作介质为液体时，试验介质采用水(第6.5.4条)。

f）校验方法执行 TSG ZF001—2006《安全阀安全技术监察规程》附录 E 的要求。

1）校验前的检查：安全阀校验前要对安全阀进行清洗，并且进行宏观检查，然后将安全阀解体，检查各零部件。当发现阀瓣和阀座密封面、导向零件、弹簧、阀杆有损伤、锈蚀、变形等缺陷时，应进行修理或者更换。对于阀体有裂纹、阀瓣与阀座粘死、弹簧严重腐蚀变形、部件破损严重并且无法维修的安全阀应予以报废。

2）整定压力校验：缓慢升高安全阀的进口压力，升压到整定压力的90%以后，升压速度不应高于0.01MPa/s。当测到阀瓣有开启或者见到、听到试验介质的连续排除时，安全阀的进口压力被视为安全阀的整定压力。当整定压力小于或等于0.5MPa时，实测整定值与要求整定值的允许误差为±0.015MPa；当整定压力大于0.5MPa时，允许误差为±3%整定压力。

3）密封试验：整定压力调整合格后，应降低并且调整安全阀进口压力进行密封试验。当整定压力小于或等于0.3MPa时，密封试验压力应比整定压力低0.03MPa；当整定压力大于0.3MPa时，密封试验压力为整定压力的90%。

4）当密封试验以气体为试验介质时，对于密闭式安全阀，可用泄漏气泡表示泄漏率，其试验装置和试验方法可按照 TSG ZF001—2006《安全阀安全技术监察规程》附件 F 的要求，合格标志应符合 GB/T 12243—2021《弹簧直接载荷式安全阀》或其他安全技术规范和标准的规定；对于非密闭式安全阀，在一定时间内未听到气体泄漏声即可认为密封试验合格。当密封试验以水为试验介质时，其试验方法和要求应符合 GB/T 12243—2021《弹簧直接载荷式安全阀》的有关规定。

第七章　管道预制及安装

目前石油化工工程建设环节大力推行“六化”，即标准化设计、工厂化预制、模块化安装、机械化作业、信息化管理、数字化交付。管道的工厂化预制属于“六化”的重点，应得到足够的关注。

管道的工厂化预制、机动化焊接、模块化安装、信息化管理等先进技术和手段，对提高质量、工效、安全保障水平起到助推作用。可通过从生产一线直接采集数据，如实反映管道的预制安装过程，真正实现数字化交付。

一、管道预制

管道的工厂化预制是按照加工工艺流程，将有关下料、切割、组对、焊接、检验等先进工装设备布置成管道预制流水线，并通过自动化物料传输系统实现工序间的衔接。管道预制效率提升的同时，预制质量也得到保证。

但是对于有毒、可燃介质管道的管件，基本不存在现场进行热弯和冷弯预制的情况。因为弯管制作的加工精度、热处理受施工现场的条件限制，质量得不到保障。为了保证质量，一般都是采购成品件。因为存在弯管由制造厂加工完成，需要现场进行验收的情况，现场也有伴热管等需要弯管的情况，所以本次修订还是保留了该内容。本标准第 5. 1. 13 条规定：由制造厂制作的弯管，验收应符合本标准第 7. 1 条的要求。

1. 预制加工标志

管道预制加工应按现场审查确认的单线图进行。预制加工单线图上应标注管线号、焊口编号、现场安装焊口位置（第 7. 1. 1 条）。本次修订增加了“焊口编号”，对管道预制加工管理具有更实用的指导意义。

管道预制过程中应核对并保留管道组成件的标志，并做好标志的移植（第 7. 1. 2 条）。管道预制过程中的每一道工序均应核对管子的标志，并做好标识的移植。在管道预制过程中除了在单线图（预制加工图）上做好标志外，还应注意在实物上核对原有标志和做好标志移植。除此之外，按照压力管道安装质量管理体系的要求，预制件在预制过程和完成后均应做好检验状态标志，包括切割、管端加工、组对、焊接、无损检测、压力试验和预制件最终检验等。检查合格后的管道预制组成件的标识尚应符合本标准第 7. 1. 14 条的规定。

只有按规定进行工序检验并具有合格标志的预制件方可交付安装。如果施工单位在施工现场之外的工地或车间进行预制，则预制件出厂交付安装时应随带单线图和合格证，以便安装现场对预制件的质量进行核对和确认。

2. 管端加工

管端加工包括下料切割、坡口加工和管端螺纹加工三部分。切割和坡口加工的要求在本标准第8章“管道焊接”中有具体规定，第7章“管道预制及安装”仅对管端加工作了规定。当管道采用管端透镜垫密封和螺纹法兰连接时，螺纹和管端密封面的加工、检查应符合设计文件和相关标准的规定(第7.1.13条)。螺纹法兰连接是用于高压高温条件下的一种管道可拆卸连接，法兰与管子由螺纹连接，管端断面加工成密封面，用透镜式钢垫圈作为密封件，密封面的粗糙度要求达到小于R_a0.8的镜面水平。石油化工行业管道器材标准中尚无此类规定，故应按设计文件的规定进行加工。SH/T 3517—2013《石油化工钢制管道工程施工技术规程》对管螺纹加工有具体的要求，管螺纹加工应符合下列要求：

a）加工管端螺纹时，应以内圆定心，并使螺纹中心线与管子的中心线重合。

b）管端螺纹应按成品管件的螺纹标准加工。

c）螺纹加工后粗糙度R_a不应大于3.2，其表面不得有裂纹、凹陷、毛刺等缺陷，轻微机械损伤或断面不完整的螺纹，累计不应大于1/8圈，螺纹长度应大于80%公称工作高度。

d）管端螺纹加工后，除应进行外观检查外，还应用螺纹量规检查其精度，也可用合格的螺纹管件单配，以徒手拧入不松动为合格。

e）管端螺纹、密封面加工合格后应沉入法兰内3~5mm，如果管子暂不安装，应在加工面上涂油防锈，封闭管口，妥善保管。

3. 弯管

本标准第7.1.5条至第7.1.9条对弯管制作的技术要求作了规定。

a）弯管现场制作宜采用壁厚为正偏差的无缝管，这是GB 50517—2010《石油化工金属管道工程施工质量验收规范》(2022年版)的规定。本标准虽无此规定，但要求弯曲部位的最小壁厚不得小于管子名义壁厚的90%，且不应小于相应产品标准和设计文件规定的最小壁厚(第7.1.6条)。

b）本标准第7.1.8条对热弯和冷弯的热处理条件作了明确规定。需要注意的是，当钢管热弯时，若属于本标准表7.1.8-1中未列入的钢号，而设计对热处理又未作规定时，则热弯后应按材料供货状态的要求进行热处理，此要求见表注。

c）有应力腐蚀的冷弯弯管，应作消除应力热处理(第7.1.8条)。应力腐蚀是钢材在拉应力和腐蚀介质共同作用下发生的脆性开裂，因此其产生原因与母材、介质以及冷加工和焊接残余应力有关。一般情况下，管道是否有应力腐蚀倾向应在设计文件中指明。但是一般来说，氯化物、碱和硫化氢是产生应力腐蚀的主要介质。应力腐蚀往往是在点腐蚀小孔或腐蚀小坑的底部开始出现裂纹，然后逐步扩大，有沿晶间、穿晶和混合型三种扩展形式。消除应力热处理可以改善金属的组织结构，提高抗晶间腐蚀能力。

d）弯管后的无损检测要求为：设计压力等于或大于10MPa、输送SHA1(1)介质、输送SHA1(2)极度危害介质的弯管弯制后，应逐件进行磁粉检测或渗透检测(第7.1.9条)。当有缺陷时可进行修磨，修磨后的实际壁厚不应小于相应产品标准和设计文件规定的最小厚度。

4. 夹套管

关于夹套管预制要求，在本标准中只有一条规定，即夹套管制作应符合设计文件和GB 50517《石油化工金属管道工程施工质量验收规范》的有关规定(第7.1.12条)。GB 50517《石油化工金属管道工程施工质量验收规范》于2022年进行了局部修订，纳入了SH/T 3546—2011《石油化工夹套管施工及验收规范》的相关内容，主要规定了内管、内管环焊缝和内、外管间隙等重要质量要求。相关要求如下：

a）夹套管应预留调整管段，其调节裕量宜为50~100mm。

b）夹套管内管的隐蔽对接焊缝应进行100%射线检测，合格等级应符合GB 50517《石油化工金属管道工程施工质量验收规范》第9.3.1条相应管道级别的规定。

c）夹套管内管与外管间的定位板应按设计文件施工，内管与外管间隙应均匀，同轴度应为3mm。

d）夹套管的内管及定位板等全部加工、焊接完毕，且所有焊缝无损检测合格后，应按GB 50517《石油化工金属管道工程施工质量验收规范》第10章规定进行压力试验。进行压力试验时，内管的所有焊缝应外露。

5. 成品保护和标识

预制完成的管道应进行成品保护。成品保护包括管道内部和管口的保护。

a）管道内部清洁是投料试车一次成功的关键前提之一。多年来，由于管道内部不干净，严重影响试车进程，以致影响了产品质量，如果管道预制完成的管道不及时封闭，很容易导致不同的杂质进入管道内部，包括硬颗粒等杂质，甚至工具、泥沙等物，这些杂质给管道系统吹扫和清洗带来很大的困难，不仅是对管子，主要是对阀门的密封面造成损伤，导致阀门的密封破坏，从而发生泄漏，造成严重的安全隐患。所以预制合格的管道、保证内部清洁并及时对管口封闭是非常重要的。本标准第 7.1.14 条规定：内部不得有砂土、铁屑、熔渣及其他杂物，并封闭。存放时应防止损伤和污染。尤其在沿海地区，这样做也可以起到防止雨水进入对不锈钢管道造成点蚀的作用。GB 50517《石油化工金属管道工程施工质量验收规范》也有相应的规定：预制完毕的管段，应将内部清理干净，并及时封闭管口。

b）检查合格后的管道预制组件应有管线号、焊口号、焊工号、焊接日期、无损检测标识和材料标识等标志，且与单线图一致(第 7.1.14 条)。根据现场的应用和可操性删除了管段号，将管道编号改为管线号，增加了焊接日期，便于控制。

二、管道安装

根据石油化工管道工程的特点，本标准对管道安装的重点技术要求作了规定。

1. 管道内部清洁

a）管道安装前应逐件清除管道组成件内部的杂物。清除合格后，应及时封闭(第 7.2.1 条)。虽然在管道预制后已经进行了要求，但是一些管道组成件(含预制件)还是存在没有封闭的现象，内部存在砂土、铁屑、熔渣及其他杂物，在此再次强调应逐件清除。设计文件有要求的应按设计文件要求进行处理，主要是指内部喷砂、脱脂等特殊要求。

b）管道上的开孔应在管段安装前完成(第 7.2.2 条)。地面施工时，由开孔和开孔后表面清理而落入管内的熔渣、氧化皮等异物容易清理和检查。所以除了设计变更必须在安装后进行的开孔外，施工单位应加强预制阶段和地面施工时的管理，避免在地面加工时遗漏设计规定的开孔，如仪表开口、支管开口等。

2. 管道法兰静密封

a）管道安装前应检查法兰密封面及垫片的表面状况，不得有影响密封性能的缺陷，如划痕、锈斑等存在。这些缺陷如不消除将影响管道连接接头的严密性，运行时可能会造成停车或事故。当发现有影响密封性能的缺陷时，应在安装前清理、加工。其中对金属密封垫环还规定了应进行密封面接触线检查的方法和要求(第 7.2.3 条、第 7.2.4 条)。

b）设计文件规定有预紧力或力矩的法兰连接螺柱应拧紧到预定值。法兰螺栓紧固宜按 GB/T 38343—2019《法兰接头安装技术规定》的要求执行，使用测力扳手时应预先经过校验，允许偏差为±5%(第 7.2.6 条)。GB/T 20801《压力管道规范》也引用了该标准，明确要求 GC1 管道的螺栓紧固应执行 GB/T 38343

《法兰接头安装技术规定》。

本标准引用了 GB/T 38343—2019《法兰接头安装技术规定》，该标准于 2019 年 12 月 10 日发布，2020 年 7 月 10 日实施。这是第一个关于法兰连接的专项标准，该标准规定了法兰连接副紧固应采取定量数据表示的方法，如螺栓扭矩控制法、螺栓拉伸控制法等。该标准的应用将逐步减少或取消使用普通扳手、锤击扳手或冲击扳手等不能控制螺栓安装载荷的紧固工具，使法兰的安装标准化。该标准采用的最大螺栓安装载荷控制技术，提高了法兰连接密封的可靠性，使法兰连接泄漏的风险得到控制。法兰接头安装载荷的确定主要考虑下列情况：

1）在设计条件下，法兰接头的强度和刚度评估。

2）在安装条件下，法兰接头的强度和刚度评估以及螺栓安装载荷的确定。

3）在操作条件下，法兰接头的密封性评估。

法兰接头安装前应编制安装程序文件，文件中应规定螺栓安装载荷、所使用工具、是否润滑螺纹和螺母承压面等内容。

c）法兰连接接头的装配精度和紧固要求。标准规定了一般法兰连接接头的密封面平行度（第 7.2.7 条），以及与机器连接法兰密封面的平行度和同轴度（第 7.2.8 条），与机器连接的法兰装配方法和精度要求（第 7.2.9 条）。与机器连接的法兰装配，除了平行度要求外，还有同轴度规定，这是确保管道与机器实现无应力装配的重要指标。

d）本标准第 7.2.10 条对管道系统试运行时高温或低温管道的热态紧固或冷态紧固的方法和要求作了具体规定。这是防止高温或低温管道在试运行过程由于温度变化引起接头部件热胀冷缩而造成接头松动、进而引发接头泄漏的重要技术措施。本标准增加了“安装阶段采用力矩扳手紧固至规定力矩值时，当无泄漏时，可不再进行螺栓热态或冷态紧固”的要求，法兰安装螺栓紧固时按照 GB/T 38343《法兰接头安装技术规定》的要求以及规定的顺序拧紧到预定值，在管道运行时基本能够达到接头无泄漏，实现零冷紧或零热紧。

3. 仪表取源部件

a）对于孔板、喷嘴、文丘里喷嘴和文丘里管等测量流体流量的差压装置，上、下游直管段的长度应符合设计文件要求，且在此范围内的焊缝内表面应与管道内表面平齐（第 7.2.11 条）。管道上仪表取源部件的安装应符合 SH/T 3551《石油化工仪表工程施工及验收规范》的有关规定（第 7.2.12 条）。包括温度计套管的安装方向和插入深度，流量孔板的上、下游直管长度，以及在流量孔板上、下游直管范围内管道内壁的平滑度要求等，都是安装单位施工时容易忽视的问题，这些都在石油化工行业仪表的专项标准 SH/T 3551《石油化工仪表工程施工及验收规范》中有相应的要求，因此管道施工技术管理人员也应了解并执行

SH/T 3551《石油化工仪表工程施工及验收规范》，并向现场施工人员进行技术交底。特别是对流量孔板上、下游直管部分的焊缝要求做到内表面平齐，这需要采取特殊的焊接技术措施或加工方法才能实现。

b）仪表取源部件的设计一般是将仪表件配对的法兰、螺栓、垫片在工艺管线材料中列出。仪表取源部件的安装需要管道施工人员和仪表安装人员密切配合。

4. 静电接地

管道的静电接地分为直接接地和间接接地两种。直接接地就是管道静电接地设置直接连接装置主干接地网；间接接地指管道通过与已接地的设备或者钢结构连接，间接与装置主干接地网连接。本标准第 7.2.13 条规定：接地电阻、接地位置及连接方式应符合设计文件要求。

是否设置导线跨接，不仅要看设计要求，还要看接头之间的实测电阻。只有当接头两侧实测电阻大于 0.03Ω 时，才需要设置导线跨接。需要说明的是，有静电接地要求的，不管做不做实体跨接线，电阻检测都是必要程序。本标准第 7.2.13 条也规定：设计文件有静电接地要求的管道，应对法兰或螺纹连接接头进行电阻值测定。当法兰或螺纹连接接头间电阻值大于 0.03Ω 时，应有导线跨接并符合 SH/T 3097《石油化工静电接地设计规范》和设计文件的有关规定。

针对某些特殊介质，设计要求不管接头之间的实测电阻是否小于等于 0.03Ω，均应设静电跨接。这些介质包括纯氧、气固混合物以及氢气等。施工时应严格执行设计文件的规定。一般来讲，管道施工单位对于以下范围的管道需要静电接地，应关注相关设计规定：

a）位于爆炸和火灾危险区内的管道应进行静电接地。在爆炸和火灾危险区内，可能存在可燃气体和可燃粉尘集聚，如果产生电火花，可能引起火灾或爆炸事故。如果管道不能良好接地，静电集聚到一定程度发电而产生电火花，有可能引起火灾或爆炸事故。

b）氧气管道应进行法兰处导线跨接以便可靠接地。氧气是一种特殊的介质，其本身不燃烧，却是强氧化剂，在纯氧的环境中，钢管本身是可以被点燃的。因此虽然氧气不属于可燃介质，但纯氧管道必须接地良好。

c）气力输送固体颗粒管道应进行法兰处导线跨接以便可靠接地。气固管道在运行过程中会产生大量静电，必须保证管道接地良好，快速转移电荷，防止大量静电集聚。

d）平行敷设的管道，净距小于 100m 时，应每隔 20m 设置静电跨接。近距离平行敷设的管廊，为保证两根管道等电位，需要每隔 20m 设置跨接。

e）管道进出装置界区处应进行静电接地，防止界外管道和装置内管道间电荷的相互转移。

石油化工管道静电接地是保证装置安全运行的重要措施，应严格按照设计文件和有关标准施工。本标准第 7.2.15 条规定，管道的静电接地安装完毕测试合格后，应及时填写静电接地测试记录。这部分工作一般由电气专业人员完成。

5. 支吊架安装与调整

支吊架安装是否正确规范是影响管道安全运行的重要环节，但施工单位往往对此不够重视，施工中支吊架的质量不符合要求的情况屡见不鲜，甚至有因此造成事故的事例。管道支架问题在管道安装过程中很突出，既影响到机泵设备的无应力配管，又影响到生产装置的运行安全，需要引起高度重视。施工现场存在问题一般表现为：管道支架与管道安装不同步；采用铁丝绑扎、木棍支撑、砖头石块等作为临时支架；临时支架与管道母材焊接不规范，碳钢临时支架与不锈钢直接点焊；管支托与支撑梁(基础)悬空；鞍式支座等未按设计要求焊接；弯头支架没有设置透气孔；不锈钢管线与碳钢支架材料未设置隔离垫等。针对现场出现的种种问题，本标准第 7.2.26 条至第 7.2.32 条对支吊架的形式和安装位置检查、安装调整时间、方法和要求都作了具体规定。这些要求是确保支吊架可靠、有效的主要施工技术规定。

不锈钢管道与支吊架上碳钢材料之间应垫入不锈钢薄板或氯离子含量不超过 50mg/kg 的非金属材料隔离垫(第 7.2.27 条)。这是防止支吊架上的碳钢部件对不锈钢产生污染腐蚀的重要措施，应认真实施。

6. 补偿器安装与调整

由于设计有毒、可燃介质管道时一般不选用填料式或球形补偿器，所以本标准第 7.2.16 条至第 7.2.20 条只对石油化工有毒、可燃介质管道常用的“Π”型补偿器和金属波纹膨胀节的安装调整作了明确规定。这些规定是确保补偿器可靠、有效安装的主要施工技术要求。

波纹膨胀节的安装还要注意以下几点：

a) 补偿器在安装前应先检查其型号、规格及管道配置情况，应符合设计要求。

b) 对带内套筒的补偿器应注意使内套筒子的方向与介质流动方向一致，铰链型补偿器的铰链转动平面应与位移转动平面一致。

c) 在安装过程中应采取保护措施，不允许焊渣飞溅到波壳表面，不允许波壳受到机械损伤。

d) 在进行水压试验时，应采取措施使装有补偿器的管道不发生移动或转动。水压试验结束后，应尽快排除波壳中的积水，并迅速将波壳内表面吹干。

7. 管道预拉伸或预压缩

本标准第 7. 2. 17 条和第 7. 2. 18 条是关于管道预拉伸或预压缩的规定。

若设计文件要求管道需要做预拉伸或预压缩，施工单位应组织研究设计文件要求，领会设计意图；通过现场实测实量，确定预制管段和调整管段，确定管段安装顺序和安装技术要求，制定专项施工方案指导施工。施工时，核实安装环境温度是否满足设计给定的冷态预拉伸要求。按照本标准第 7. 2. 17 条规定：对管道预拉伸或预压缩条件进行检查确认。

预拉伸方法可根据实际情况，制作简易工装，可采用千斤顶、手拉葫芦、自制拉管器等进行预拉伸。预拉伸的焊口应选在距弯曲起点 2～2. 5m 处为宜，冷拉前应将固定支座牢固固定，并调整好预拉焊口对口间隙。操作时应均匀用力，拉伸宜缓慢，对称用力进行预拉，保证不被拉偏。管道找正对中调直后，进行焊接。管道预拉伸工作应进行见证并做好管道补偿器安装检查记录。按照本标准第 7. 2. 18 条规定：焊接接头组对所使用的工、卡具，应待该焊接接头的焊接及热处理工作完毕并经检验合格后，方可拆除。

8. 无应力配管

装置的机械设备，尤其是大型压缩机组，是生产装置中的关键、核心设备。它的运转状况会影响整个装置的运行，与其连接的管道安装质量是重要的影响因素之一。压缩机进出口管道在施工安装过程中产生的附加作用力会使安装、找正合格的压缩机组产生位移和变形，破坏其水平度和同心度。所以标准规定与转动机器（以下简称机器）连接的管道，其固定焊口应远离机器（第 7. 2. 8 条）。SH/T 3538—2017《石油化工机器设备安装工程施工及验收通用规范》也对此有规定。现场施工一般采取如下措施：

a）最后一个焊道的组对焊接应远离压缩机处，以减少焊接变形所产生的应力和对压缩机的影响。

b）采用对称交错方法进行焊接，以消除焊接时产生的应力对压缩机的影响。

c）最后一道固定口的焊接以及压缩机与进出口管道的配对法兰紧固时，采用百分表检测和控制，随时调整安装过程中产生的位移，保证把偏差控制在规定值内。

d）在压缩机与进出口管道的配对法兰紧固时，同时调节可调弹簧支架，并借助百分表来控制压缩机组的同心度。

e）出入口管段的吊装、定位、拼接应保证压缩机主体上不得附加重量和应力。吊装的吊点不得放在压缩机组本体上。

9. 安装记录

安装过程应有施工记录的工序，包括连接机器管道安装检查记录(见 SH/T 3543《石油化工建设工程项目施工过程技术文件规定》)、带方向闸阀安装检查记录(见 SH/T 3543《石油化工建设工程项目施工过程技术文件规定》)、金属环垫/透镜垫安装检查记录(见 SH/T 3543《石油化工建设工程项目施工过程技术文件规定》)、弹簧支/吊架安装检验记录(第 10.3 条)、滑动/固定管托安装检验记录(第 10.3 条)、管道补偿器安装检验记录(第 10.3 条)、管道静电接地测试记录(第 10.3 条)。

本标准第 10.3 条要求的记录不仅需要在管道系统压力试验前确认，也是交工技术文件所要求提供的。SH/T 3543《石油化工建设工程项目施工过程技术文件规定》要求的记录应在施工过程中及时完成并保存。

第八章　管道焊接

一、常见焊接方法

焊接在金属管道的施工安装中占有重要地位，焊接质量对管道的质量和使用安全可靠性有直接影响，许多管道事故都源于焊接缺陷。因此，对于相关从业人员来说，掌握焊接知识是非常必要的。石油化工钢制管道工程常见的焊接方法有焊条电弧焊（SMAW）、埋弧焊（SAW）、钨极氩弧焊（GTAW）、熔化极气体保护电弧焊（GMAW）和药芯焊丝电弧焊（FCAW）。

a）焊条电弧焊

焊条电弧焊是利用焊条与焊件之间的电热弧，将焊条及部分焊件熔化而形成焊缝的焊接方法。焊接过程中焊条药皮熔化分解生成气体和熔渣，在气体和熔渣的共同保护下，有效地排除了周围空气对熔化金属的有害影响。通过高温下熔化金属与熔渣间的冶金反应，还原并净化焊缝金属，从而得到优质的焊缝。

焊条电弧焊设备简单，便于操作，适用于室内外各种位置的焊接，可以焊接碳钢、低合金钢、耐热钢、不锈钢等各种材料，应用十分广泛。

焊条电弧焊的缺点是生产效率低，劳动强度大，对焊工的技术水平及操作要求较高。

b）埋弧焊

埋弧焊是目前在焊缝金属熔敷上效率较高的一种典型焊接方法。埋弧焊用实芯焊丝连续送进，焊丝产生的电弧完全被颗粒状的焊剂层所覆盖，因此被命名为“埋弧焊”。

与焊条电弧焊相比，埋弧焊有下列优点：

1）埋弧自动焊能采用大的焊接电流，电弧热量集中，熔深大，焊丝可连续送进而不像焊条那样频繁更换，因此其生产效率比焊条电弧焊高 5～10 倍。

2）由于焊剂和熔渣严密包围着焊接区，空气难以侵入；高焊速减小了热影响区的尺寸；焊剂和熔渣的覆盖减慢了焊缝的冷却速度，这些都有利于使焊接接头获得良好的组织与性能。同时，自动操作使焊接规范参数稳定，焊缝成分均匀，外形光滑美感，因而焊接质量良好、稳定。

3）埋弧自动焊热量集中，焊接金属没有飞溅损失，没有废弃的焊条头，工件厚度小时还可以不开坡口，从而可以节省金属材料和电能。

4）埋弧自动焊施焊中看不到弧光，焊接烟雾也很少，又是机械自动操作，因而劳动条件得到了很大改善。

埋弧自动焊的局限性是：设备比较复杂昂贵；由于电弧不可见，因而对接头加工与组对要求严格；焊接位置一般是平焊。

c）钨极氩弧焊

钨极氩弧焊以钨棒作电极，在氩气保护下，靠钨棒与工件间产生的电弧热，熔化母材金属进行焊接。在焊接过程中钨极不发生明显的熔化和消耗，只起发射电子引燃电弧及传导电流的作用。钨极氩弧焊电弧稳定，可使用小电流焊接薄工件，并可单面焊双面成型。特别是采用钨极氩弧焊打底，然后用焊条电弧焊或其他焊接方法形成焊缝，可以避免根部未焊透等缺陷，提高焊接质量。

综合来说，钨极氩弧焊有下列优点：

1）适于焊接各种钢材、有色金属及合金，焊接质量优良。

2）电弧和熔池用气体保护，清晰可见，便于实现全位置自动化焊接。

3）电弧在保护气流压缩下燃烧，热量集中，熔池较小，焊接速度较快，热影响区较小，工件焊接变形较小。

4）电弧稳定，飞溅小，焊缝致密，成形美观。

钨极氩弧焊特有的缺点是夹钨。夹钨是由钨极上的掉下的小块钨熔入焊缝金属所造成的。钨极氩弧焊其他的缺点是氩气成本较昂贵，钨极氩弧焊的设备和控制系统比较复杂；钨极氩弧焊的生产效率较低。

d）熔化极气体保护电弧焊

熔化极气体保护电弧焊通常包括熔化极活性气体保护电弧焊（MAG）和熔化极惰性气体保护电弧焊（MIG）。它可用于半自动工艺、机械化和自动化工艺，因此很适合由焊接机器人来操作。熔化极气体保护电弧焊是通过焊枪连续不断地送丝，由焊丝和工件之间产生的电弧的热量将母材和焊丝熔化，从而达到焊接的目的。

由于没有焊后必须去除的焊渣，熔化极气体保护电弧焊非常适合自动化和机器人焊接，或其他高效生产情况，这是这种工艺的主要优点之一。由于焊后极少或没有清理要求，总的生产效率得到极大提高。连续的焊丝送进不需要像使用单根焊条的焊条电弧焊那样经常更换，所以节约下来的时间可以用于完成更多的焊接生产。

熔化极气体保护电弧焊的优点在于它没有使用焊剂，没有焊渣，熔池比较干净。它的另一个优点是明弧，焊工能够很容易地观察电弧和熔池的情况。

因为气体是焊接过程中保护和净化熔池的主要方法，熔化极气体保护电弧焊对气流和风特别敏感，它们会将保护气体吹开，留下未保护的金属。过大的气体流量会导致气体紊乱，并增大气孔产生的可能性，这是因为过分增大气体流量实际上可能将空气带入焊接区。气体保护焊的另一个缺点是设备要求比焊条电弧焊更复杂。

e）药芯焊丝电弧焊

药芯焊丝电弧焊与熔化极气体保护电弧焊非常相似，差别在于药芯焊丝电弧焊用的是中间包着颗粒状焊剂的管状焊丝，而熔化极气体保护电弧焊用的是实芯焊丝。药芯焊丝电弧焊进一步分为气体保护药芯焊丝电弧焊(FCAW-G)和自保护药芯焊丝电弧焊(FCAW-S)。药芯焊丝电弧焊使用的设备与熔化极气体保护电弧焊的基本一致，所不同的是药芯焊丝电弧焊可能需要承载电流更高的焊枪和电源。对于自保护型焊丝和送丝机构，不需要附带保护气体装置。

药芯焊丝电弧焊工艺在许多场合取代了焊条电弧焊和熔化极气体保护电弧焊，主要用于焊接黑色金属。在室内和室外的焊接应用中均能获得满意的效果。

药芯焊丝电弧焊有许多优点，最突出的优点是能提供很高的生产效率。这是由于焊丝盘提供连续不断的焊丝，同熔化极气体保护电弧焊一样增加了燃弧时间。该工艺的另一个优点是有较大的熔深，这有助于减少未熔合缺陷的可能性。由于该方法主要用于半自动工艺，其操作技能要求远低于焊条焊接方法的要求。无论有无保护气体的辅助，因药芯焊丝电弧焊有粉剂，它比熔化极气体保护电弧焊对母材污染要求低。

药芯焊丝电弧焊工艺也有它的局限性。首先，由于有粉剂，所以在后续焊道焊接前和外观检查前必须去除这层固体焊渣。其次，由于存在粉剂，在焊接过程中会产生大量的烟。长时间暴露在没有通风条件的地方会危害焊工的健康。在焊接过程中，这些烟还会降低焊工对电弧的能见度，给正确操作带来困难。虽然可以采用排烟系统，但要在焊枪上加附件，这会增加其重量并阻碍焊工的视线。

药芯焊丝电弧焊自身存在一些问题。首先是与粉剂有关，由于粉剂的存在，当层间清理不当或操作技术不当时，会有焊渣残留在焊缝金属中的可能性。其次药芯焊丝电弧焊还会产生包括未焊透、夹渣和气孔在内的典型缺陷。

二、一般规定

1. 焊材的存放

实芯焊丝不会变质，对于手工钨极氩弧焊焊丝，焊前去除表面的油污、锈蚀即可使用；但对于盘状供货的自动焊丝，一旦生锈或镀铜脱落，无法清除干净，导致使用时送丝不畅或影响焊接质量，就不能使用了。药芯焊丝超过保质期不能使用，或打开包装后超过一定时限，即使没有超过保质期，也不能使用。由于焊条药皮、焊剂含有一定的有机物，会变质，应该有保质期，但根据药皮、焊剂的种类、保存条件等不同，保质期也有所不同。本标准 2011 年版规定库存期为 1 年，过于严格，本标准修改为不宜超过 5 年(第 8.1.3 条)。当然，即使在规定的保存期内，由于存放不当等原因，使焊条工艺性能下降，也不应该使用。对于有毒可燃介质的承压设备，采购焊接材料时应遵循 NB/T 47018《承压设备用焊接材料订货技术条件》的规定。

焊剂、焊条烘干的目的是去掉水分。一些进口焊条根据其说明书要求，拆开包装后在一定时限内可以不烘干。所以本标准第 8.1.4 条规定：焊条、焊剂应按说明书的要求进行烘烤，并在使用过程中保持干燥。

常用管道材料焊接材料见表 8-1。

表 8-1　常用管道材料焊材选用表

钢号	焊接材料	
	TIG 焊丝	电弧焊焊条
20	ER49-1	E4315
A106	ER50-6	E5015
A333 Gr6	TGS-1N	W707Ni
15CrMo	ER55-B2	E5515-1CM
P11	ER55-B2	E5515-1CM
P22	ER62-B3	E6215-2CM
S30403	ER308L	E308L
S30408	ER308L	E308
S31603	ER316L	E316L
S31608	ER316	E316
S32168	ER321/ER347	E347
S34778	ER347	E347

2. 施焊环境

风对于明弧有扰动，当风速影响焊接时，就应采取挡风措施。相对湿度大对于焊接质量有影响，所能采取的措施就是营造符合规定的小环境，否则应停止焊接。雨雪天气时挡雨挡雪是必然的。所以本标准第 8.1.5 条对在不同风速、湿度和雨雪天气下焊接进行了规定。这里对环境温度的限制，更多是为了保护焊工，当焊接温度较低时，应进行预热，相关规定在预热章节中。

3. 焊接

本标准第 8.1.6 条规定：钨极氩弧焊宜用铈钨棒。因为钍钨极有放射性，不能使用，纯钨极发射电子能力弱，应使用铈钨极。氩弧焊的焊缝较纯净，质量好，但当氩气含有氧、氮等杂质时会使焊缝性能下降，所以规定了氩气的纯度，氩气的纯度应为99.99%。

本标准第 8.1.7 条明确规定：管道不得使用氧乙炔焰焊接。氧乙炔焰焊接由于焊接接头的性能差，不能用于有毒、可燃介质的管道。但实际上对于焊接伴热管等要求不高的管道，氧乙炔焰焊接是有优势的。

三、焊前准备与接头组对

1. 焊缝的设置

管道焊缝的设置原则应是便于焊接、热处理及检验。本标准第 8.2.1 条 a)、c)、d)、e)、f)款的规定既是为了避免焊接应力的叠加，也是便于焊接、热处理及检验的需要。

本标准第 8.2.1 条 b)款的要求是为了防止被覆盖焊缝一旦发生泄漏后难以修复。被覆盖的焊缝有两种情况，一种是管子(管件)的制造焊缝，另一种是现场焊缝，两种焊缝都应进行100%射线检测。如果是制造焊缝，管子的质量证明书中应有射线检测结果，如果没有检测结果，现场应进行补做；如果是现场焊缝，应进行100%射线检测。

2. 坡口加工

当坡口采用热加工方法时，坡口表面应进行表面无损检测。其目的是防止热切割时产生裂纹。对于淬硬倾向大的钢材，热切割时快速冷却易产生裂纹，铬钼合金钢、材料标准抗拉强度下限值等于或大于 540MPa 钢材淬硬倾向比较大，所以热切割后坡口表面应进行表面无损检测；低温碳钢或低温镍钢热切割后坡口表面应进行表面无损检测，主要是因为低温管道对于缺口敏感，本标准第 8.2.4 条对此作了具体规定。而奥氏体不锈钢是没有淬硬倾向的，所以不用进行表面无损检测。

3. 组对

管道组成件对接环焊缝组对时的内壁平齐主要是为了减少应力集中。应力集中对于承受静载荷管道的断裂基本没有影响，但对于疲劳载荷、应力腐蚀的材料影响很大。本标准第 8.2.5 条对焊缝组对作了详细的要求。

a）支管或支管座焊接连接接头的制备和组对，限制错边量 m 值是为了使流体流动更顺畅；限制根部间隙 g 值是为了保证焊接质量，g 值过小不容易焊透；

g 值过大，由于打底焊接时，焊缝的收缩量大，易产生裂纹(第 8.2.6 条)。

b) 承插焊焊接接头组对时，端面间隙 b 宜为 1~3mm(第 8.2.7 条)，注意这个间隙是角焊缝焊接前的间隙要求，是为了在焊接角焊缝时给焊缝收缩留有余量，防止角焊缝产生裂纹，角焊缝焊接后这个间隙可能就没有了。

c) 机组的循环油、控制油、密封油管道承口与插口的轴向不宜留间隙(第 8.2.7 条)。这主要是防止间隙内留存杂物不易吹扫干净。不必担心有缝隙腐蚀倾向时的间隙大小，因为实际上有缝隙腐蚀时，设计不会选用这种接头。

d) 在铬钼合金钢和不锈钢钢管上不宜焊接组对卡具(第 8.2.14 条)。否则卡具的材质应与管材相近，这里的“相近”指的是材料组织相近，避免产生裂纹，如铬钼合金钢的卡具用铁素体材料(如碳钢等)是可以的。

e) 卡具拆除修磨后进行表面无损检测是为了检测是否有裂纹存在，淬硬倾向大的管道，应该进行表面无损检测(第 8.2.15 条)。需要注意的是，即使表面无损检测合格，如果该管道要求进行焊后热处理，卡具处也应该进行同样的热处理。

四、焊接工艺要求

1. 预热

预热是众所周知的一种防止母材和焊缝裂纹的有效方法，焊前预热的主要作用如下：

a) 预热能减缓焊后的冷却速度，有利于焊缝金属中扩散氢的逸出，避免产生氢致裂纹。同时也能减少焊缝及热影响区的淬硬程度，提高焊接接头的抗裂性。

b) 预热可降低焊接应力。均匀地局部预热或整体预热可以减少焊接区域被焊工件之间的温度差(又称温度梯度)。这样，一方面降低了焊接应力，另一方面降低了焊接应变速率，有利于避免产生焊接裂纹。

c) 预热可以降低焊接结构的拘束度，对降低角接接头的拘束度尤为明显，随着预热温度的提高，裂纹发生率下降。

以 Cr-Mo 钢为例，氢致裂纹需要敏感的显微结构、拉伸应力和氢等三个条件。Cr-Mo 钢材料通常在热影响区有敏感的显微结构；拉伸应力是焊接时产生的；仅氢总量是可以控制的，焊接材料在焊缝中的氢可以通过预热控制和处理。三者都对成功焊接 Cr-Mo 钢非常重要。

有时做不到通过预热温度来控制显微组织(如铬含量大于 2%时)，无论预热温度多高都会形成淬硬组织(如贝氏体、马氏体)，预热的目的主要是控制氢含量。

预热温度是根据碳当量和母材厚度确定的，虽然预热温度不具有严格意义上的精确度，但焊接时一般不应该低于本标准表 8. 3. 1 规定的预热温度，预热的费用主要是设备费和安装费，预热温度的增量成本很小。有实践证明，适当预热温度是本标准表 8. 3. 1 中规定的预热温度加 15～30℃。

关于预热宽度的研究资料很少，一般是参照热处理的均热宽度给予规定。AWS D10. 10《Recommended Practices for Local Heating of Welds in Piping and Tubing》(管道焊接局部加热推荐规程)提到，厚度方向温差与表面的加热宽度成比例，如果外表面的加热带宽度最小为 5t，从焊缝中心线算起，t 距离处的外表面温度将大体与内表面焊缝根部的温度相同。因此本标准规定，预热范围应为坡口中心两侧各不小于壁厚的 5 倍。

关于预热的具体要求见本标准第 8. 3. 1 条和第 8. 3. 2 条。

2. 引弧

本标准第 8. 3. 4 条规定：施焊时不得在焊件表面引弧或试验电流。这是因为低温钢、不锈钢的表面电弧擦伤可能对低温性能和腐蚀性能造成影响。Cr-Mo 钢和强度等级较高的钢材，淬硬倾向较大，电弧加热可能会形成淬硬组织。

起弧、收弧处的质量一般比较差，所以起弧处、收弧处应尽量错开(第 8. 3. 6 条)。

3. 中断焊接

随意中断焊接有两个弊端：一是焊接厚度不足，不能承受外力，移动或管道承受外力时可能使焊缝开裂；二是不按照工艺冷却，再焊接时不按标准要求加热可能形成冷裂纹。ASME B31. 3《Process Piping》(工艺管道)对于中断焊接的规定为：除非达到下列各项要求，对于 P-Nos. 3、4、5A、5B、6 和 15E 材料，开始焊接后，应保持最小的预热温度直到热处理开始。

a）至少焊接 10mm 厚或焊缝坡口深度的 25%以上(当焊接接头被移动或装载时，焊缝应能充分支持，防止焊缝受到过大应力)。强烈建议冷却之前表面应光滑，没有尖锐缺陷。

b）P-Nos. 3、4、5A 材料，焊缝允许缓慢冷却至室温。

c）P-Nos. 5B、6 和 15E 材料，焊缝应进行适当的中间热处理并控制冷却速度。当不进行中间热处理时，预热温度降低至 95℃(最小)以利于根部检查。当采用低氢焊接时，P-No5B 或 P-No. 15E 可以不进行中间热处理。

d）在冷却后重新焊接前，应进行焊缝外观目视检查，以保证没有裂纹形成。

e）在重新焊接前，按要求进行预热。

所以本标准第 8. 3. 7 条规定：除焊接工艺或检验要求需分次焊接外，每条焊缝应一次连续焊完。如因故中断，应采取防裂措施。继续焊接时应进行检查，确认焊缝无裂纹后方可按原工艺继续施焊。

4. 焊接参数

C-Mn 钢对焊接线能量要求不严格，Cr-Mo 钢、奥氏体钢对焊接线能量有一定要求，而双相不锈钢、镍基合金等对线能量要求非常严格，所以本标准第 8. 3. 8 条规定，焊接工艺规程中规定焊接线能量的焊缝，施焊过程中焊接线能量应处于焊接工艺规程规定的范围内。

第 8. 3. 9 条对道间温度的规定比较简单。规定道间温度不低于预热温度的理由和规定预热温度的理由是一样的，本标准没有给出道间(预热)的最高温度。

对腐蚀和冲击韧性有要求时，应规定道间(预热)的最高温度。奥氏体不锈钢、双相不锈钢、非铁素体合金和有冲击试验要求的碳钢、低合金钢，其道间(预热)的最高温度应在焊接工艺规程(WPS)和焊接工艺评定报告(PQR)中说明。API RP 582《Welding Guidelines for the Chemical，Oil，and Gas Industries》(化工、石油和天然气工业的焊接指南)对道间(预热)的最高温度作出了规定(见表 8-2 和表 8-3)。

表 8-2　最高道间温度的规定

材料种类	最高道间温度/℃
P-No. 1(碳钢)	315
P-No. 3，P-No. 4，P-No. 5A，P-No. 5B，P-No. 5C，and P-No. 15E	315
P-No. 6(Type 410)	315
P-No. 7(Type 405/410S)	260
P-No. 8(奥氏体不锈钢)	175
P-No. 10H(双相和超级双相不锈钢)	见表 8-3
P-No. 11A，Group 1	175
P-No. 41，P-No. 42	150
P-No. 43，P-No. 44，and P-No. 45	175

AWS D10. 8《Recommerded Practices for Welding of Chromium－Molybdenum Steel Piping and Tubing》(Cr-Mo 钢焊接推荐规程)提到，通常在高温服役条件下选用 Cr-Mo 钢，从冶金角度考虑，通常不要求道间(预热)的最高温度，但是由于考虑焊工的舒适度，可能会对此作出要求。

表 8-3 双相不锈钢最高道间温度的规定

母材或原件厚度/mm	最高道间温度/℃	
	双相不锈钢(如 UNS S32205)	超级双相不锈钢(如 UNS S32750)
3	50	50
6	70	70
9.5	100	100
9.5	150	120

5. 施焊

a) 本标准第 8.3.10 条规定：焊接阀门施焊时，应将阀门适度开启。这是为了防止焊接热量对阀门影响而使阀门开合不顺利。焊缝根部焊道采用氩弧焊是为了内部洁净。

b) 针对现场出现的支管座无法无损检测的情况，本标准第 8.3.11 条增加了程序要求，规定支管座与主管的连接接头有无损检测要求时，检测合格后方可进行支管与支管座的组对。这是无损检测的要求。支管座是一种用于支管连接的补强型管件，代替了传统使用的异径三通、补强板、加强管段等支管连接形式。其基本结构分为主管连接端、加强部分、支管连接端，主管连接端的坡口大多是一个单边 V 形坡口，焊缝的形式为对接焊缝(坡口焊缝)和角焊缝的组合焊缝。支管连接端的连接形式可分为对焊支管座、承插支管座、螺纹支管座，按照与主管的连接部位或形式还可以分为斜接支管座、弯头支管座等。由于支管座的特殊的结构(通过支管座厚度的增加来达到主管开孔补强的效果)，当支管与支管座连接完成后，就很难对主管与支管座连接的支管连接接头进行射线、超声等内部缺陷检测，所以本标准对支管座的连接程序进行了限制。

c) 本标准第 8.3.12 条规定：被补强圈、鞍座等覆盖的焊缝，应经过 100% 无损检测合格后，方可进行补强圈、鞍座等的焊接。被覆盖的焊缝包括补强圈下支管与主管连接的支管连接接头，这些焊缝都被补强圈或鞍座所隐蔽。按照隐蔽验收程序，应该是上道工序验收(检测)合格后才能被隐蔽。具体的检测要求可参照 GB 50517—2010《石油化工金属管道工程施工质量验收规范》(2022 年版)第 7.2.8 条的相关规定，即检测方法和合格等级应符合本标准第 8.5.7 条的规定，但对于质量检查等级为 4 级的对接接头和支管连接接头的焊缝，按检查等级 3 级执行；对于质量检查等级为 3 级、4 级的角接接头焊缝，按检查等级 2 级执行。

d) 本标准第 8.3.13 条所规定的“不锈钢焊接接头焊后应按设计文件规定进行酸洗与钝化处理”，主要是基于外观美观的要求。

五、焊后热处理(PWHT)

1. 碳钢、低合金钢的焊后热处理

焊后热处理是基于脆性断裂和服役环境两方面考虑。本标准表 8.4.1 的规定主要是基于脆性断裂考虑的，根据材料种类和管壁厚度确定是否进行焊后热处理。服役环境的热处理要求由设计提出。

厚壁产生平面应变条件，适当的回火和应力释放可防止不稳定的裂纹扩展，当设计避免这种失效条件时，可以根据厚度确定焊后热处理。然而在一定的服役环境条件下，如碱应力腐蚀、硫化氢应力腐蚀等失效环境机制，能够被残余应力或淬硬显微结构等因素驱动，则不能根据厚度免除焊后热处理。

根据化学成分免除焊后热处理，限制 C 和合金元素的总量，它们能导致焊后形成淬硬的显微组织结构。碳当量能够量化不同元素的影响(虽然本标准中没有明确采用碳当量计算方法)，预测潜在的热影响区的硬化。当环境裂纹机制与硬化的显微结构组织有关时，根据化学成分免除焊后热处理是可行的。然而，组合其他方法(如预热、热处理等)来控制焊接热影响区的硬度是最有效的。当应力驱动裂纹机制时，根据化学成分确定焊后热处理是不适当的。

对于环境裂纹机制，不能仅根据材料、厚度进行 PWHT，典型的是应力腐蚀环境，如硫化物应力腐蚀开裂(SSCC)环境、碱应力腐蚀开裂(ASCC)环境等。另外，在高温高压氢环境下，必要时也应进行焊后热处理。BS 2633《Specification for Class Ⅰ arc welding of ferritic steel pipework for carrying fluids》(输送流体用铁素体钢管的Ⅰ级电弧焊)规定，暴露在 7MPa 以上且温度大于 400℃的氢环境中，无论管壁厚大小都应执行 PWHT。

本标准表 8.4.1 还规定了焊后热处理后的硬度检测。ASME B31.3《Process Piping》(工艺管道)2014 年之前的版本明确：硬度试验的目的是校核所进行的热处理是否令人满意。2014 年版开始取消了焊后热处理后的硬度检测。在电力行业标准 DL/T 819—2019《火力发电厂焊接热处理技术规程》中明确规定：焊后热处理质量应由其过程控制予以保证。所以硬度不应作为热处理是否合格的唯一依据。不取消焊后热处理后的硬度检测的主要理由是：(1)本标准是石油化工行业标准，大部分管道存在着潜在的腐蚀可能，规定硬度值是合适的。(2)目前国内的焊接材料、母材质量不稳定，与先进国家有差距。(3)施工管理水平参差不齐，焊接工艺、热处理工艺执行不严，甚至还存在热处理作假现象，目前取消焊后热处理后的硬度检测会引起混乱。因此本次修订保留了焊后热处理后的硬度检测。

硬度检测不能检查残余应力，因此由残余应力控制的焊接接头裂纹，如碳钢的 ASCC，硬度对 ASCC 的敏感性没有影响，所以对于 ASCC 环境的焊接接头，不用硬度检测。

便携式现场硬度检测对于焊缝来说是可用的，但不适用产品焊接接头的热影响区（HAZ）。目前不存在一个实用的在真正产品焊接接头热影响区进行硬度检测的方法。这是因为测试经常使用便携式测定仪，对于热影响区或硬的位置而言，很难或不可能获得读数，而是两个或三个区域的混合读数（焊缝、热影响区、母材；硬区和软区）。因此，这种混合读数不代表热影响区的最高硬度。尽管使用了较小压头的反弹硬度检测方法，压痕的结果也无法检测到热影响区的最高硬度，特别是焊接热输入较低时的很窄的热影响区。

手工焊接工艺，如手工电弧焊、钨极氩弧焊，采用标准要求碳钢焊材焊接，焊缝硬度超过 200HBW 的情况很少出现。埋弧焊使用低或中 Mn 焊丝、活性焊剂时，高硬度焊缝会出现。一些埋弧焊（SAW）采用 Mn 含量高、Si 含量高的焊丝能形成局部的高硬度区，不能通过焊后热处理明显软化。当钨极氩弧焊采用 H08Mn2Si 焊丝时，焊缝硬度会高，这是因为 H08Mn2Si 是典型的 CO_2 气体保护焊焊丝，高含量的 Mn 和高含量的 Si 是为了补充电弧烧损，但在钨极氩弧焊时，这些元素几乎没有烧损，全部过渡到焊缝中，引起焊缝的高硬度，在早些时候钨极氩弧焊经常使用这种焊丝。

2. 奥氏体不锈钢的焊后热处理

关于奥氏体不锈钢的焊后热处理，本标准第 8.4.1 条规定：按照设计要求进行。目前最常见的奥氏体不锈钢热处理是 TP321、TP347 和一些镍基合金的热处理。热处理是为了防止连多硫酸腐蚀和应力松弛裂纹。本标准中“再热裂纹”这个术语是指发生在热处理期间的裂纹；当裂纹发生在服役期间时，称为应力松弛裂纹。一般规定设计温度大于 350℃ 的不锈钢管道要进行稳定化热处理，以防发生连多硫酸腐蚀。NB/T 10068《含稳定化元素不锈钢管道焊后热处理规范》规定：当设计温度大于 500℃ 时，要进行热处理，这是为了避免产生应力松弛裂纹。

TP347、TP321 及 800H/800HT 有再热裂纹倾向，影响开裂的关键因素包括：

——材料类型（化学成分、杂质元素）；

——大晶粒尺寸；

——制造（冷加工，焊接）产生的高残余应力；

——大截面厚度（厚度决定残余应力及状态）；

——缺口和应力集中；

——焊接金属和母材强度；

——焊接及热处理条件。

最易受影响的奥氏体合金到最不易受影响的奥氏体合金依次为：800HT>347>800H>321。

TP347、TP321在现场施工过程中发生了多起再热裂纹。有调查结果显示，低于425℃的奥氏体不锈钢管道、焊接状态的焊接接头，能够较好地抵抗连多硫酸腐蚀，所以目前有多个工程取消了425℃以下工作温度的管道的热处理。但在这里要强调，母材的热处理状态应为固溶+稳定化热处理。

奥氏体不锈钢和镍基合金的应力松弛温度为500～750℃，焊后热处理被认为是一种可有效避免应力松弛裂纹的方法，但在焊后热处理过程中，有产生再热裂纹的风险。

SH/T 3554—2013《石油化工钢制管道焊接热处理规范》规定，奥氏体不锈钢焊后热处理的冷却速度为空冷。SH/T 3523—2020《石油化工铬镍不锈钢、铁镍合金、镍基合金及不锈钢复合钢焊接规范》将奥氏体不锈钢的焊后热处理要求指向了SH/T 3554—2013《石油化工钢制管道焊接热处理规范》。英国标准BS PD 5500《Specification for Unfired Pressure Vessels》（非直接火焊接压力容器规范）规定，奥氏体不锈钢焊后热处理的冷却为快速冷却。但有些设计要求奥氏体不锈钢焊后热处理的冷却速度为缓冷。实际上不锈钢焊后热处理快速冷却（含Ti、Nb的不锈钢空冷即可，不必要水冷）和缓冷各有优缺点。快速冷却可以减缓碳化物形成和脆性相析出，但不利于消除焊接接头应力，缓冷则反之，因此缓冷或快速冷却要分析焊后热处理的目的。当管道在高温工况下使用，由于在投入运行时会被加热到穿过碳化物形成的温度范围，因此焊后热处理通常不需要快速冷却。

3. 后热

本标准第8.4.5条规定：铬钼合金钢和最小抗拉强度等于或大于540MPa钢材的管道焊接接头，焊后应立即进行热处理，这里的“立即”指的是冷裂纹尚在潜伏期未起裂前进行热处理，控制的时间是焊缝金属温度未降至预热温度以下。值得注意的是，本条规定不适用于P91材料，由于P91材料目前在国内未用于工艺管道，因此本标准未列入P91的有关规定，关于P91材料的要求可参考SH/T 3520《石油化工铬钼钢焊接规范》。

4. 焊接质量检查

本标准第8.5.5条规定：铬钼合金钢管道应进行合金元素含量验证性检查，每条管道（按管线号）的焊缝抽查数量不应少于2条。这是为了防止焊接材料的错用。实际上中国石化已经有企业标准规定铬钼合金钢管道的受压元件及焊缝要进行100%的合金元素含量验证性检查。本条规定里的“抽查”只能代表检测样品，不能代表其他元件。

5. 铁素体含量

设计文件规定进行铁素体检查的焊接接头，应按GB/T 1954《铬镍奥氏体不锈钢焊缝铁素体含量测量方法》规定的方法测定铁素体含量(第8.5.6条)。本标准对双相不锈钢、奥氏体不锈钢焊缝的铁素体含量进行了规定。

a）奥氏体不锈钢焊缝的铁素体含量

奥氏体不锈钢焊缝中要求有一定量的铁素体，主要是为了防止产生焊接热裂纹。本标准没有要求对所有奥氏体不锈钢进行铁素体含量测定，但在焊接时如果出现了较多热裂纹，应该检测铁素体含量，分析产生裂纹的原因。

精确测量奥氏体不锈钢焊缝的铁素体含量很难，因此试图通过建立一个无量纲的标准值——铁素体数(FN)来定义奥氏体不锈钢焊缝金属的铁素体含量。铁素体数与铁素体体积分数不同，但在10FN以下时与铁素体含量相当接近。

在奥氏体不锈钢焊缝中含有铁素体后，会产生下列影响：

1）纯奥氏体有时有热裂倾向，敏感性随着低熔共晶金属增加而增加(包括P、S、Si、Cb及其他元素)，在焊缝凝固的最后阶段，低熔点金属在晶界聚集。凝固时首先形成铁素体岛，对不纯净物有较大的溶解度。铁素体的存在也意味着有更多的相界面减少晶界膜。

2）铁素体的存在提高了拉伸强度。

3）高铁素体含量可以提高抗应力腐蚀的能力。

4）相反地，铁素体的铁磁性影响在要求焊缝为低磁性场合的应用，如军事用途的非磁性武器及原子反应堆的控制板。

5）网状的铁素体相，如含Mo不锈钢，在某些环境下产生选择性腐蚀。

6）部分铁素体焊缝，长时间的蠕变强度可能降低。

7）焊接时(极端情况)和热处理或服役期间温度在590~925℃或更低时，高铁素体含量的焊缝通过转变为σ相而变脆，形成一种脆性中间相。焊缝的σ相会降低塑性、冲击韧性和抗腐蚀能力。

8）低温时，铁素体的吸收功较低。

316类和317类填充金属中含有约5FN的铁素体，基于这个原因而且可能由于Mo元素的有益影响，其裂纹抗力是令人满意的。在一定条件下，要注意316类、317类含铁素体的焊缝金属的抗腐蚀能力，任何18Cr-12Ni-Mo焊缝金属(包括316L类、318类)的抗腐蚀能力都很差。抗腐蚀能力差表现在铁素体所受到的侵蚀，既不是发生在所有的媒介中，也不是发生在所有的环境中，而是发生在一定的热的氧化性酸中。因此316类、317类不锈钢焊缝要求铁素体含量小于 5FN。

b）双相不锈钢的焊缝的铁素体含量

为了保证双相不锈钢的性能，要求焊缝及母材中含有一定比例的铁素体。NACE MR0103《Material Resistant to Sulfide Stress Cracking in Corrosive Petroleum Refining Environments》（腐蚀性石油炼制环境中抗硫化物应力开裂材料的选择）规定：焊缝和热影响区的铁素体含量为 35%~65%（体积分数）。而 API RP 938-C《Use of Duplex Stainless Steels in the Oil Refining Industry》（双相不锈钢在炼油工业中的应用）中对含量的规定为：母材 30%~65%，热影响区 40%~65%，焊缝 25%~60%。本标准表 8. 5. 6 规定：双相不锈钢焊缝及热影响区的铁素体含量为 30%~60%。SH/T 3523—2020《石油化工铬镍不锈钢、铁镍合金、镍基合金及不锈钢复合钢焊接规范》规定：奥氏体-铁素体双相不锈钢的熔敷金属铁素体含量宜控制在 30%~60%范围内。这些要求是一致的。

因为双相不锈钢热影响区的铁素体含量也非常重要，但热影响区的铁素体采用磁性法无法测量，应该采用金相法检测，因此双相不锈钢的铁素体含量通常采用铁素体体积分数来表示。需要提示的是，双相不锈钢热影响区的铁素体含量检测是破坏性的，只能在焊接工艺评定时进行检测，当产品焊缝进行铁素体含量检测时，可以采用磁性法检测，可以用铁素体数来表示，但要注意此时铁素体体积分数约为 70%FN。

通常认为，当双相不锈钢中至少含有 25%的铁素体，其余为奥氏体时，其性能优越。当铁素体含量过低时，材料耐氯离子能力下降。当铁素体含量过高时，材料韧性不足，耐氢腐蚀能力下降（虽然双相不锈钢不用于较严苛的氢环境）。因此本标准规定双相不锈钢焊缝及热影响区的铁素体含量为 30%~60%是适当的。

在一些焊接方法中，特别是以焊剂为保护基础的方法中（如手工电弧焊、埋弧焊），相平衡向奥氏体含量较高的方向调整以改善韧性，补偿焊剂使焊缝含氧量增加引起的韧性损失。实际上在生产实践中发现，常用的手工电弧焊的焊缝，其铁素体含量一般保持在 30%~35%，这也是本标准规定铁素体含量大于 30%，而不是 NACE MR 0103《Material Resistant to Sulfide Stress Cracking in Corrosive Petroleum Refining Environments》（腐蚀性石油炼制环境中抗硫化物应力开裂材料的选择）规定的铁素体含量大于 35%的原因之一。

六、焊接记录和标识

焊接是有毒、可燃介质钢制管道安装过程的重要环节。焊接过程质量控制及其见证资料是从事压力管道安装质量管理人员普遍关心的问题。通常，单线图和焊接工作记录被认为是压力管道焊接和无损检测工作的重要质量记录文件，也是压力管道安装资格审查和换证工作中不可缺少的质量体系运行见证文件。因此本标准第 8. 5. 18 条规定：单线图上应标明焊缝编号、施焊焊工代号、固定口位置、检测焊缝位置及无损检测种类、返修标识等可追溯性标识，也可在单线图空白处集中标识或附表。除了单线图外，还有焊接工作记录(第 10. 3 条)和管道焊接工艺检查记录(见 SH/T 3543《石油化工建设工程项目施工过程技术文件规定》)。关于单线图的内容在本标准中有明确规定，关于焊接工作记录的格式和内容在 SH/T 3503—2017《石油化工建设工程项目交工技术文件规定 》中有相应规定。焊接工作记录的内容应包括管道编号/单线号、焊口编号、焊工代号、规格、材质、焊接位置、焊接方法、焊材牌号、实际预热温度、焊接日期。

除了焊接工作记录和管道焊接工艺检查记录外，在管道焊接接头组对、焊接过程中，还应在实物上做好相应的标识，如管线号、焊缝编号、焊工代号等(第 8. 1. 8 条)，以便于现场质量控制。

第九章　无损检测

无损检测是在不损害或不影响被检测对象使用性能的前提下，采用射线、超声、红外、电磁等原理技术并结合仪器对材料、零件、设备进行缺陷、化学、物理参数检测的技术。无损检测是管道工程质量检测必不可少的重要方法和有效手段，在石油化工工程建设现场常用的方法主要有射线检测(RT)、超声检测(UT)、磁粉检测(MT)和渗透检测(PT)。

一、无损检测方法介绍

1. 检测原理

射线检测、超声检测、磁粉检测和渗透检测是四种常规无损检测方法，随着新型无损检测技术的成熟应用，本标准增加了相控阵超声检测(Phased Array Ultrasonic Testing，PA)和衍射时差法超声检测(Time Of Flight Diffraction，TOFD)两种超声检测方法。这些检测方法的工作原理简单介绍如下：

a）射线检测：当射线穿透工件中有缺陷和无缺陷的部位后，由于物质对射线的吸收衰减作用，致使透过工件的射线剂量(强度)也就不同了，形成了一个射线剂量(强度)的分布图。当透射过工件的射线照射到照相胶片时，会与普通光线一样，使胶片乳胶膜上的溴化银感光，在胶片上形成潜影，经过显影和定影处理后，成为底片。照射到胶片上的射线剂量(强度)不同，则在底片上形成的黑度也不同。在观片灯下，观察与分析底片上不同黑度区域的影像，从而可以直观地判定工件内部缺陷的性质和大小。射线检测能发现焊缝中的气孔、夹渣、未焊透、未熔合、裂纹等一切在射线透照方向上有一定尺寸的缺陷。

除以胶片为信息载体的常规射线检测方法外，以数字图像为载体的无胶片射线检测技术已逐渐得到应用。新的射线检测方法有以图像增强器为基础的射线实时成像(RTR)、采用成像板模拟数字化的非直接照相成像(CR)、采用电子成像技术直接数字化的平板射线成像(DR)、线阵列扫描数字成像(LDA)以及射线层析成像技术(工业CT)等。

b）超声检测：超声波是一种超出人听觉范围的高频率机械波。超声波可以分为纵波、横波、表面波等多种波型。超声波在同一介质中传播时速度不变，传播方向也不变，如果在传播过程中遇到异质界面，就会发生反射、折射或绕射现象。钢材等金属材料可视为均匀介质，如果内部存在缺陷，则缺陷会使超声波产生反射现象，根据反射波幅的大小、方位，就能判定和测定缺陷的存在。超声检测能发现焊缝中的气孔、夹渣、未熔合、未焊透等在垂直于声束的方向上有一定面积的缺陷。

c）磁粉检测：当工件被磁化时，若工件表面及近表面存在裂纹等缺陷，就会在缺陷部位形成泄漏磁场，泄漏磁场将吸附、聚集检测过程中施加的磁粉，形成磁痕，从而提供缺陷显示。磁粉检测能发现焊缝中表面和近表面的裂纹、未熔合、气孔、夹渣等缺陷。

磁粉检测方法根据分类条件不同可分为以下几类：一是根据磁粉检测所用的载液或载体不同分类，可分为湿法检测和干法检测；二是根据磁化工件和施加磁粉或磁悬液的时机不同，可分为连续法检测和剩磁法检测；三是根据磁化方法的不同，可分为轴向通电法、触头法、线圈法、磁轭法、中心导体法、交叉磁轭法。

d）渗透检测：将含有染料的渗透剂涂覆在工件上，由于毛细作用，经过一段时间后，液体就会渗透入表面缺陷的开口中。然后将工件表面上的多余渗透剂清洗掉。再在工件表面涂覆上薄薄一层显像剂，将缺陷中残留的渗透剂吸附上来，于是形成了比缺陷开口宽得多的显示，使得在白光下用肉眼即可观察到缺陷，如果渗透剂中含有荧光材料，则可在黑光灯下观察。渗透检测能发现任何非多孔材料的焊缝中表面开口的裂纹、气孔、夹渣等缺陷。

渗透检测方法根据渗透剂所含染料成分分类，可分为荧光渗透检测法、着色渗透检测法和荧光着色渗透检测法；根据渗透剂去除方法分类，可分为水洗型、后乳化型和溶剂去除型；根据显像方式分类，可分为干式显像法、湿式显像法、自显像法、塑料薄膜显像法等。

e）衍射时差法超声检测：是随着计算机和数字技术的应用，于 20 世纪 90 年代开始引进的一种新型无损检测技术。根据波遇到障碍物或小孔后通过散射继续传播的衍射现象，使用一发一收两个相对于焊缝中心线对称布置的宽带窄脉冲探头，依靠超声波在被检对象中的缺陷端部相互作用后发出衍射信号的到达时间进行缺陷检测和定量。由于尺寸测量是基于衍射信号的传播时间而不依赖于波幅，其与常规超声检测相比，具有更加精确的尺寸测量精度（一般为 ±1mm），对于焊缝中部缺陷检出率很高；但其在上下表面存在检测盲区，需要表面无损检测方法进行补充检测（见 NB/T 47013.10《承压设备无损检测　第 10 部分：衍射时差法超声检测》表 1），对横向缺陷和奥氏体不锈钢等粗晶材料检出比较困难，对复杂几何形状的工件比较难测量。

f）相控阵超声检测：和常规超声检测的原理相似，都是基于脉冲反射法的原理。由多晶片(如16、24、32、60、64或128)组成的相控阵探头，每个晶片形成一个独立的发射/接收单元，通过软件控制各晶片的激发延迟时间，改变各个晶片发射或者接收超声波的相位关系，从而得到预先希望的波束入射角度和焦点位置，使固定在一个位置上的探头发出的超声波束在检测对象中动态地“扫描”一个检测区域，而不需要探头的前后移动。由于拥有聚焦功能，其与常规超声检测相比，具有较高的灵敏度和分辨率，可以同时拥有A/B/C/D/S显示，通过建模建立一个三维立体图形，缺陷显示较直观，能够检测较复杂的工件。特别是近几年随着探头的发展，在厚壁奥氏体不锈钢检测上也体现出优势。用通俗的比喻来解释，如果把常规超声检测当作医院体检的X射线检查的话，相控阵超声检测就像是CT检查。在现场检测中，相控阵超声检测发现了一些以前射线和常规超声检测不曾发现过的细小的坡口、层间未熔合缺陷，为焊接作业人员改进焊接技能、保证焊接质量提供了可靠支撑。

两种新增加的无损检测方法都能全过程记录检测信号，为可追溯提供了保障。并且与射线检测相比，对作业人员几乎无伤害，可以实施全天候作业，有力促进了项目的进度。两种检测方法的标准分别见NB/T 47013.10《承压设备无损检测　第10部分：衍射时差法超声检测》和NB/T 47013.15《承压设备无损检测　第15部分：相控阵超声检测》，但由于特种设备的无损检测涉及行政许可的问题，在检测单位取得相应检测方法的资质、检测人员取得相应检测方法的资格后，方可对管道焊缝进行相应的无损检测方法。

2. 各类方法的适用范围

按照NB/T 47013《承压设备无损检测》的相应规定，各检测方法的在管道工程中的适用范围如下：

a）射线检测的适用范围为壁厚大于或等于2mm的管道焊接接头(NB/T 47013.2《承压设备无损检测　第2部分：射线检测》第7.1.1条)。

b）超声检测的适用范围为：

1）壁厚大于或等于4mm的碳素体钢管道焊接接头(NB/T 47013.3《承压设备无损检测　第3部分：超声检测》第6.1.1条)。

2）壁厚10~80mm的奥氏体不锈钢对接接头(NB/T 47013.3《承压设备无损检测　第3部分：超声检测》第I.1条)。

3）插入式支管连接接头的支管公称直径大于或等于80mm和主管外径大于或等于500mm且内外径比大于或等于70%。

4）安放式支管连接接头包括的支管公称直径大于或等于100mm和主管外径大于或等于300mm。

c）衍射时差法超声检测的适用范围为壁厚12~80mm的低碳钢和低合金钢

焊接接头(NB/T 47013.10《承压设备无损检测　第10部分：衍射时差法超声检测》第1.2条、第1.5条)。

d）相控阵超声检测的适用范围为：

1）壁厚大于或等于3.5mm的碳素体钢管道焊接接头(NB/T 47013.15《承压设备无损检测　第15部分：相控阵超声检测》第6.1.1条)。

2）插入式支管连接接头支管内径大于或等于200mm和主管外径大于或等于500mm且内外径比大于或等于60%。

3）安放式支管连接接头的支管内径大于或等于100mm和主管外径大于或等于300mm。

4）壁厚4~80mm的奥氏体不锈钢对接接头(NB/T 47013.3《承压设备无损检测　第3部分：超声检测》第I.1条)。

e）磁粉检测适用于铁磁性材料及焊接接头的表面或近表面缺陷的检测，不适用于非铁磁性材料的检测。

f）渗透检测适用于非多孔性金属材料及焊接接头的表面开口缺陷的检测。

3. 无损检测方法的选择

选择无损检测方法时，在考虑满足检测标准的同时，应兼顾各无损检测方法的可替代性以及现实检测中的检测工作质量。

a）超声检测无法满足可追溯性的要求且在厚壁奥氏体检测时位置误差较大，所以本标准规定：当采用不可记录的脉冲反射法超声检测时，应对已检焊接接头采取RT、PA或TOFD进行抽样检测，检测比例不应低于10%(第8.5.8条)，并限制只在碳钢、铬钼合金钢焊缝检测中使用。

b）射线检测在薄壁工件中缺陷检出率较高、缺陷定性以及长度测量比较直观和准确，相控阵超声检测在薄壁碳素钢、奥氏体不锈钢上缺陷检出率与射线检测相当且更能够检出危害性的面积型缺陷，所以本标准规定：除设计文件另有规定外，厚度小于或等于30mm的焊缝应采用射线检测(RT)或相控阵超声检测(PA)(第8.5.7条)。其实对壁厚在30mm的管道焊缝，在采用双壁射线透照时，其透照厚度已经达到60mm了，对面积型缺陷的检出率不如UT、PA或TOFD三种检测方法，所以从严格意义上说，应该为厚度小于或等于30mm的焊缝可以进行单壁透照的，应采用射线检测，或者是透照厚度在30mm以下时应采用射线检测。本标准采用“厚度小于或等于30mm的焊缝”的说法是为了与TSG D0001《压力管道安全技术监察规程——工业管道》和GB/T 20801.5—2020《压力管道规范　工业管道　第5部分：检验与试验》第6.3.1条保持一致，不至于造成标准使用时的混乱。

c）相控阵超声检测则不受管道厚度的限制，针对不同的厚度选择不同晶片数的探头和配套设备，就可以实现各种厚度管道焊缝的检测，如16晶片的探头可以检测厚度约20mm以下的焊缝，32晶片的探头可以检测厚度约40mm以下的焊缝，更厚的焊缝可采用64或128晶片的探头，厚度在40mm以上的焊缝要求进行厚度分区检测（NB/T 47013.15《承压设备无损检测　第15部分：相控阵超声检测》第6.4.7.4.4条）。

d）超声检测和衍射时差法超声检测对厚度在30mm以上的焊缝，其缺陷检出率就已经超过射线检测，特别是对面积型缺陷和进行双壁透照时，所以允许对厚度大于30mm的焊缝采用超声检测和衍射时差法超声检测代替射线检测，但并不是因此而排斥射线检测。在压力容器焊缝检测中，一些壁厚超过100mm的焊缝也采用高能射线检测（Co60或加速器）。不同的检测方法各有其优缺点，射线检测和超声检测、衍射时差法超声检测、相控阵超声检测是互补的关系，不能相互否定。GB/T 150.4—2011《压力容器　第4部分：制造、检验和验收》第10.5.1条规定：对标准抗拉强度下限值大于等于540MPa的低合金钢且厚度大于20mm的焊接接头，除应进行100%射线或超声检测的规定动作外，还应采用与100%检测方法不同检测原理的检测方法另行进行局部检测（此标准规定的检测方法中没有列入相控阵超声检测，将常规超声检测和衍射时差法超声检测统称为超声检测），这是比较合理的。在以后的标准制（修）订中，将会逐步引进相应的理念，特别是随着装置单体规模地不断扩大，管道的厚度也不断增大，有必要对一定厚度的管道焊缝进行不同检测方法地补充检测。

e）磁粉检测与渗透检测相比，有灵敏度高、成本低且检测速度快、检测重复性好等优点，并且可以同时检测表面和近表面缺陷。所以对于铁磁性材料的表面检测，应优先采用磁粉检测方法，确因结构形状、规格等原因不能采用磁粉检测时，方可采用渗透检测方法。本标准增加了此要求，详见表8.5.7中的标注c。

需要强调的是，当对同一检测对象采用两种或两种以上的检测方法，应按各自的检测方法评定级别，如分别采用射线和超声检测，应按各自方法评定级别和验收。当采用一种无损检测方法的不同检测工艺分别进行检测时，如果检测结果不一致，应以危险度大的评定级别为准，如超声检测分别采用K1、K2两种斜探头分别检测时，应以评定级别低的为准。

二、无损检测比例及验收标准

a）本标准表8.5.7按照不同的管道级别分对接接头、角接接头、支管连接接头分别列出了检测比例、各检测方法的验收标准(合格标准)。在实际检测时，各检测方法的技术等级或灵敏度应与压力管道、压力容器等特种设备的要求一致。相控阵超声检测的合格标准经与NB/T 47013.15标准编委商讨并取得一致意见，同意参照衍射时差法超声检测合格标准确定，其他检测方法的合格标准与GB/T 20801《压力管道规范　工业管道》保持一致。检测方法的采用应符合设计文件的要求，当拟采用的无损检测方法与设计文件不一致时，应事先征得设计单位和建设单位(业主)的书面确认。

有些施工单位在厚壁管道焊接过程中，为防止超标缺陷在焊口根部、内部而造成返修困难，在封底焊、焊接1/3或1/2壁厚时，增加一次或几次的中间过程无损检测。任何一次中断焊接，如果不采取一些必要的防控措施，对焊缝都是一种伤害，并且随着焊接设备的发展和焊接技术水平的提升，焊接合格率也在不断地提高，所有的厚壁管道焊缝都增加中间检测是一种浪费，可以通过选择业绩好水平高的焊工、加强焊接过程的检查和严格执行工艺纪律来减少对返修的担忧和顾虑。

b) 角接接头包括所有受压均件之间以及非受元件与受压元件之间连接的角焊缝，不包括非受元件之间连接的角焊缝。

c) 支管连接接头形式详见本标准图8.4.3，要求支管连接接头进行RT、TOFD或PA的是指支管公称直径大于或等于*DN*100的，而不是指主管直径的。本标准没有列入GB/T 20801《压力管道规范　工业管道》中的对接式支管连接接头(见图9-1)，而是将图中的下半部分接头按照GB 50316—2000《工业金属管道设计规范》(2008年版)的术语取名为“嵌入式支管连接接头”(与GB 150《钢制压力管道》的嵌入式接管一致)，将图中的上半部分接头列入对接接头(与三通的支管一致)。GB 50517—2010《石油化工金属管道工程施工质量验收规范》(2022年版)第7.3.5条规定：嵌入式支管连接接头(见图9-2)应进行100%无损检测，检测方法和合格等级按照对接接头的规定执行，并要求后续支管的组对和焊接应在嵌入式支管连接接头检测合格后方可进行。需要注意的是，在本标准第8.3.11条中提到：当支管座的支管连接接头有无损检测要求时，应按本标准表8.5.7的要求检测合格后方可进行支管与支管座的组对焊接。本标准第8.3.12条要求被补强圈、鞍座等覆盖的焊缝(包括对接接头、支管连接接头和角接接头)，应经过100%无损检测合格后，方可进行补强圈、鞍座等的焊接。GB 50517—2010《石油化工金属管道工程施工质量验收规范》(2022年版)第7.2.8条补充了100%检测的检测方法和合格等级，对于质量检查等级为4级的支管连接接头的焊缝，按检查等级3级执行；对于质量检查等级为3级、4级的角接接头焊缝，按检查等级2级执行。

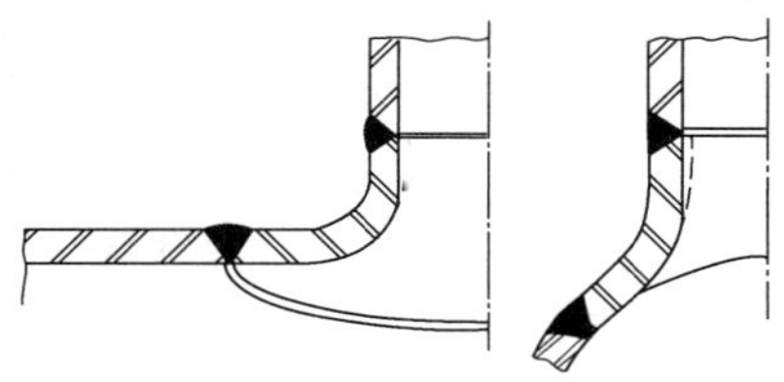

图 9-1　ASME B31.3、GB/T 20801 的对接式支管连接接头图示

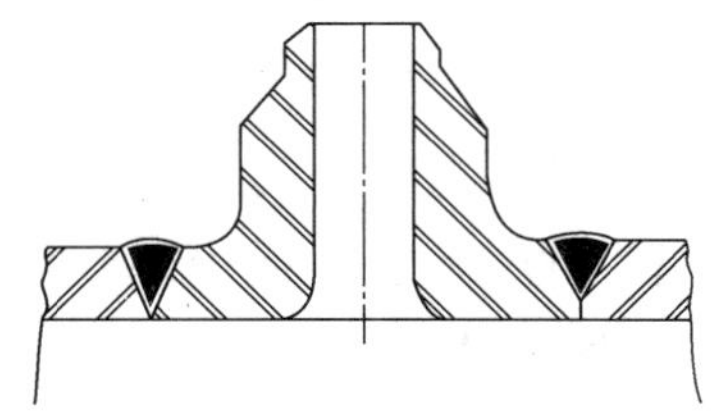

图 9-2　GB 50517 的嵌入式支管连接接头图示

三、关于检测比例的控制

1. 检测分类

本标准的管道检测按照检测比例分为 100%、20%、10%、5%四大类，按照抽检情况分为全部检测、局部检测和抽样检测三大类。

全部检测是指检查等级为 1 的，要求对所有的对接接头、角接接头、支管连接接头进行 100%无损检测的情形。

局部检测是指对每个焊接接头进行相应的无损检测抽检，检测长度各为检测比例乘以焊缝长度的情形，本标准主要是指对公称直径等于或大于 *DN*500 的焊接接头进行无损检测的情况。

抽样检测是指按照规定的检测比例抽取一定数量的焊口(而不是所有的焊口)进行 100%无损检测的情形，本标准主要是指对公称直径小于 *DN*500 的焊接接头进行无损检测的情况；对个别公称直径小于 *DN*500 的焊接接头因条件受限(可以是焊接接头结构的原因或检测单位的客观原因)，如管廊上的一些排列紧密的管道等焊接接头可能无法进行整口检测，经检验人员确认后可以按局部检测规则执行。这里提到的“检验人员”可以是建设单位代表或监理单位代表或检验机构人员。但经局部检测的焊口要从相应的检验批中剔除，即不作为抽样检测的检测基数和检测数量。

为保证抽检结果的有代表性，要求局部检测的位置除标准规定的之外，如应优先检测交叉焊缝部位等，其他部位应随机抽取，不应由焊工或施工单位质量检查员等人员指定。抽样检测应按对接接头、角接接头、支管连接接头分别按批统计检测比例，检测的焊口要求随机抽取。这个批的焊口数量不宜过大、组批时间宜控制在两周之内。

2. 管道编号

本标准第 8. 5. 11 条 c) 款规定：焊接接头的无损检测比例应按检验批统计。这是特指抽样检测时的情况，对全部检测和局部检测没有检验批的概念。本标准 2011 年版对此条规定的是：每个管道编号的焊接接头无损检测数量应达到规定的比例要求。本条修改的主要原因是目前各家设计单位的管道图(或管道特性表)对俗称的“管道编号”没有明确的定义，也没有统一的叫法。在特性表中有叫管道编号、管段号的，还有叫管线号、管道号、管号的，等等；单线图上又用单线图号来表示，单线图号中可能还包含区号、管径、是否热处理代号、保温保冷代号、材料等级等符号，特性表中所谓的“管道编号”只是其中的一项而已。关于管道编号的代号在管道图上的命名，各家设计单位也没有统一的规则，代号变更比较随意。有的从某一个三通的焊口处打断，就变成了另一代号，如图 9-3 所示，管线号 LS-20101(管道级别为 SHC4)在三通处(图的左上角)打断分别接 MS-20101(管道级别为 SHC2)和 HNG-20101(管道级别为 SHC3)两条管线(经核实应该在图 9-3 中焊口号为 15 处打断，整个三通及支线应划入 MS-20101)。个别的还从法兰的焊口上打断，变成两条不同的管道编号，如图 9-4 所示，管线号 CH-60208(管道级别为 SHA2)在法兰处(在图 9-4 的右侧)打断接 LS-60201(管道级别为 SHC4)(经核实应该在图 9-4 中焊口号为 7 处打断，1~7 焊口应划入 LS-60201)。同一管道编号中可能存在两种甚至三种的检测比例，如图 9-5 所示，在管线号 BB-95101 中，焊口号为 C6 处分为 SHC1、SHC4 两个管道等级，造成检测比例统计困难。

在 TSG 08—2017《特种设备使用管理规则》附录 C“压力管道基本信息汇总表—工业管道”填写说明中提到，管道编号可以按照使用单位规定的管道编号填写。结合管道使用单位的编号规则并根据设计图纸的变化，标准对管道编号的定义也在不断变化，从同一装置中直接相连的同管道级别、同介质、同材料类别、同压力等级的管道(本标准 2011 年版第 7. 5. 10 条的条文说明)到直接相连且同运行工况的若干管道单线(不管设计单位将其分成了多少条单线，赋予了多少个单线号)均可认为是同一条管道(SH/T 3543—2017 附录 D“管道安装工程施工用表使用说明”)，再到现在的直接相连且输送同一介质的多条管线的组合(本标准第 8. 5. 11 条、第 8. 5. 12 条的条文说明)，但直接相连、同介质的要求是没有变化过的。这为后续的组批检测规则提供了一条思路。

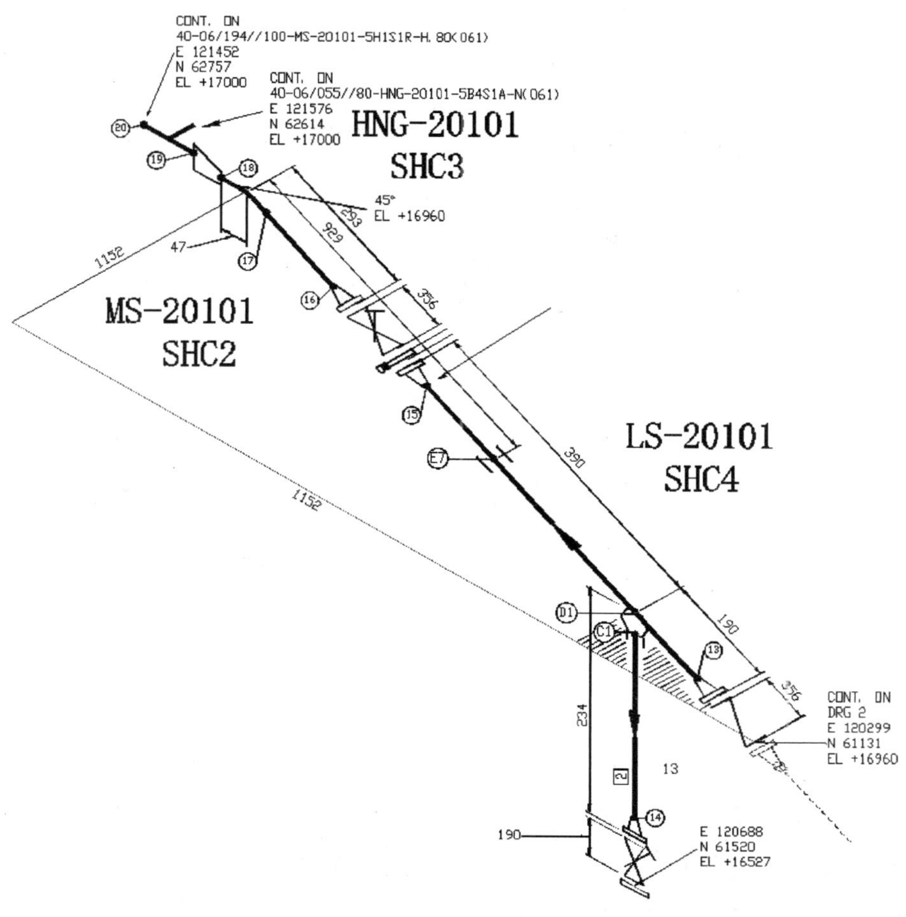

图 9-3　管线从三通处打断变成其他管线号的示例

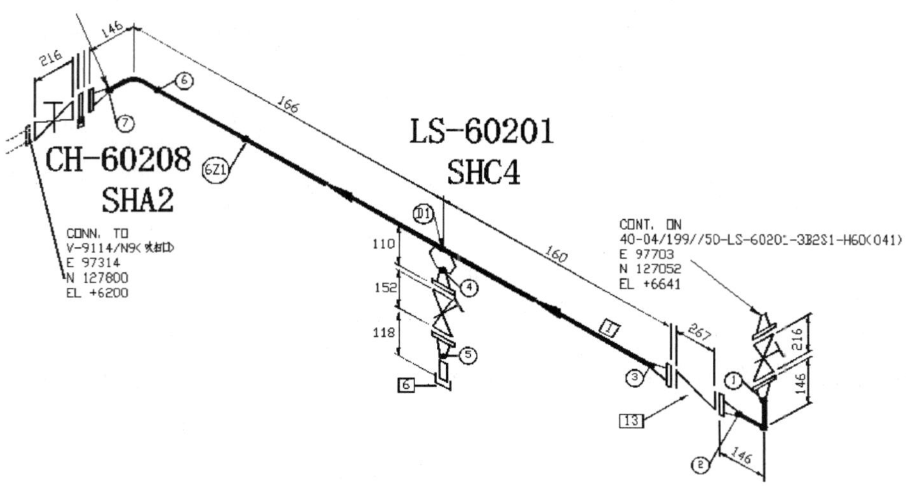

图 9-4　管线从法兰处打断变成其他管线号的示例

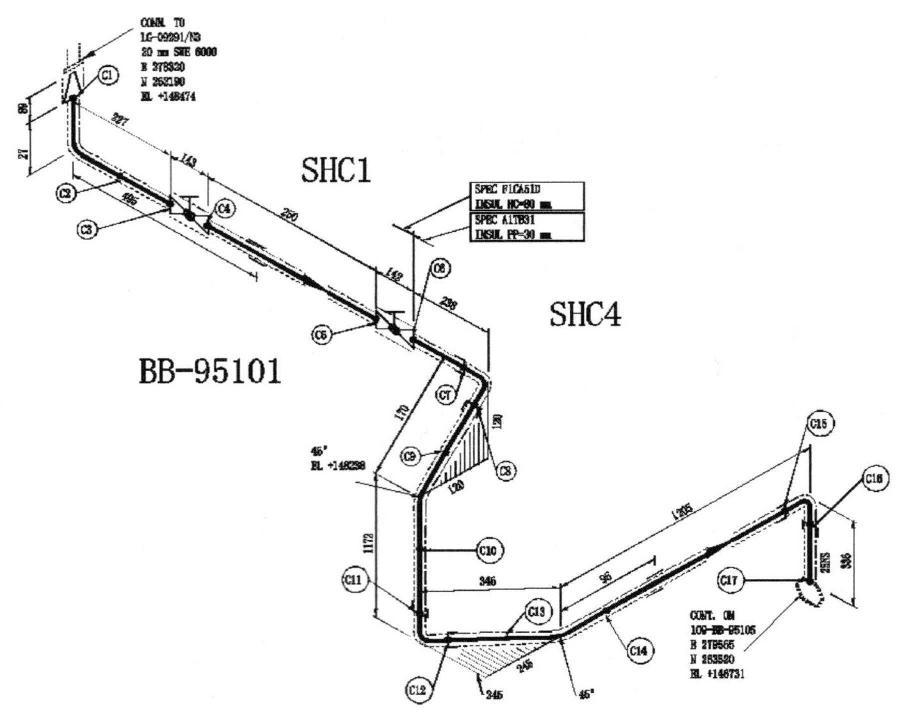

图 9-5　同一管线号中不同检测比例的示例

3. 抽样检测的检验批组批规则

检验批是指抽样检测时，在一定的组批检测规则下，同一检测方法中上次委托检测时间后至本次委托检测时间内的所有焊口，以此作为计算检测数量的基数。这里强调同一检测方法，是为了避免不同检测方法检测出现不合格后，给累进检测(扩探)带来混乱。如在检测比例要求为20%的同一焊工焊接的一个20道焊口的检验批中，射线和超声检测各检测了2道焊口，理论上一次检测比例刚好符合要求，假如射线检测出1道焊口不合格，经扩探2道焊口后又出现1道焊口不合格，需要对此检验批进行100%的检测，而这时不同的理解会出现再扩探14道和16道两种不同的观点。扩探14道的理由是超声检测2道已经合格，射线已经检测了4道，就剩下14道没有检测；要求扩探16道的理由是本标准第8.5.14条要求用发现不合格的原检测方法进行扩探，且NB/T 47013《承压设备无损检测》明确规定：当对同一检测对象采用两种或两种以上的检测方法，应按各自的检测方法评定级别和验收。前面超声检测的2道焊口进行射线检测时并不一定能够合格，显然后者再扩探16道焊口的观点是正确的。

本标准检验批的组批规则是开放式的，只要符合第8.5.12条的要求即可实施。本标准规定的组批主要依据是第8.5.12条b)款：该批的检测数量应以同一检测比例完成的焊接接头为计算基数确定，可以不考虑焊工、规格、材质、固定口和管线号等情况。在实际执行时，可结合自身的管理能力、现场的具体情况甚至不同的施工阶段对检测组批规则进行细化和改变，但组批检测规则要在检测委托前固化下来。常见的检验批组批规则有：

a）可以将单线号作为组批检测规则，即在同一单线号中检测比例相同的一定时间内焊接完成的焊口作为检测基数（即一个检验批的总焊口数）计算检测数量。这样管理虽然简单了，但因为一定时间内的检测基数相对其他组批规则要少，一定总焊口数下的检验批数量自然会增加，就会造成焊口的总检测数量大幅增加，无形之中就增加了施工检测时间和项目投资，间接影响了施工进度和项目投资。

b）可以将相同检测比例的若干相连以及不相连的管线按照施工情况分为1~n个组别（SH/T 3543《石油化工钢制管道焊接热处理规范》表格中的检测类别），以在同一检测类别下一定时间内焊接完成的焊口作为检测基数计算检测数量。在此规则下，虽然检测基数大了，但检验批数量相对减少了，焊口总检测数量也相应减少，可以缩短施工检测时间，减少项目投资，但需要有较高的技术能力和管理水平。

c）可以按照上述提到的管道编号作为组批检测规则，即将同一管道编号内相同检测比例的在一定时间内焊接完成的焊口作为检测基数计算检测数量。这里涉及要将设计给的多条单线号组合成一个管道编号，但管道编号下单线的数量要比检测类别中的单线数量少得多，按照直接相连、同介质的思路比较好归纳，管理难度比检测类别组批要低一些，总的检测数量介于按单线组批和按检测类别组批之间。

d）可以按照试压包系统作为组批检测规则，即将同一试压包号内相同检测比例的在一定时间内焊接完成的焊口作为检测基数计算检测数量。这样的好处是在试压包组包完成后，找同一试压包内同一检测比例的管线比较容易，管理和技术难度较低，在同一试压包内解决检测、扩探问题能够较好地推进管道的试压进度；但由于管道工程边到图边施工的情况比较多，要在管道刚预制时就完成试压包组包不太现实，要求在管道施工初始阶段就按照此规则进行组批难度很大。

e）可以根据不同的施工阶段，按照不同的检测规则进行组批，比如在预制阶段按照检测类别或管道编号作为组批检测规则，在现场安装阶段或者管道试压阶段按照试压包或管线号作为组批检测规则，在相应的组批检测规则下进行组批。此时要求在检测规则改变时，以前已经焊接的焊口要按原检测规则进行组批并完成检测委托。

当按照第 b）种、第 d）种组批检测规则检测时，若检验批的检测基数太大，可以在此基础上按同区域、同管道级别或同材质再细分，甚至可以按照焊工再细分，但相关的检测规则都应该在组批前策划完成。如某装置初定按第 b) 种组批检测规则后，检测比例为 20%的管线有 500 条，每次组批的总焊口数(检测基数)可能会在 300~700 道焊口之间，显然不利于进行不合格后的扩探，造成质量管理和控制方面的困难。这时可以按材质再细分，如按铬钼钢、不锈钢、碳钢分三类，也可以先按 SHA2、SHB2 分两类，再按铬钼钢、不锈钢、碳钢共分为六类，分别组批。如果细分为六个检测类别，这样每个检测类别中的管线在 80~100 条左右，每次组批的总焊口数大概为 60~100 道焊口，相对比较合理。

4. 检验批

按照上述“检验批”的定义，要掌握两个原则，一是“一定的组批检测规则”，这是指纵向的、条理性的，组批检测规则要适合自身的管理水平，在“同一检测比例”的大原则下确保这个规则不会或者少影响后续管道的安装以及试压进度；二是“上次委托时间至本次委托时间”，这是横向的、时间性的，这个时间的跨度要视实际焊接进度而定，即使是在一个检测规则下也不能因标准规定组批时间不宜超过 2 周而机械地定为每 14 天组一个批。就抽检的科学性来说，这个时间段是越短越好，因为在一个时间段中影响焊接质量的因素如焊接环境、人员的情绪、焊接设备、焊接材料甚至焊接方法等都是相对稳定的，此时所抽检的焊口质量更能代表这个时间段的其他焊口。但控制的时间段短，造成检验批数量就越多，所抽检的总焊口数也越多；控制的时间段太长，所抽检焊口的代表性就越差。本标准 2011 年版首次提出的“组批时间不宜超过 2 周”的时间值只是一个经验值，可根据情况酌情调节，如果焊接条件、焊接环境和人员情绪等相对稳定，组批时间甚至可以超过 2 周；当施工高峰期焊口产出量较大时，可适当缩短组批设定时间。建议对检测比例为 20%的管道，其检验批中的总焊口数控制在 60 道左右，尽量不要超过 100 道；对检测比例为 10%的管道，其检验批中的总焊口数控制在 80 道左右，尽量不要超过 150 道；对检测比例为 5%的管道，其检验批中的总焊口数控制在 100 道左右，尽量不要超过 200 道。当然以上只是正常情况下的推荐值，具体控制值还要看具体情况，在特殊情况下，10 道焊口左右组成 1 个检验批，甚至 3~5 道焊口组成 1 个检验批也未尝不可。

如图 9-6 所示，以规则轴和时间轴横竖交叉形成的方块就是检验批，特殊情况下在这个批中还可以根据一定的子规则将此批中的焊口再分为 2 个或 n 个子批。当然这些规则都必须在委托检测前确定，否则存在人为操纵的嫌疑，破坏了检验批抽检的随机性原则。

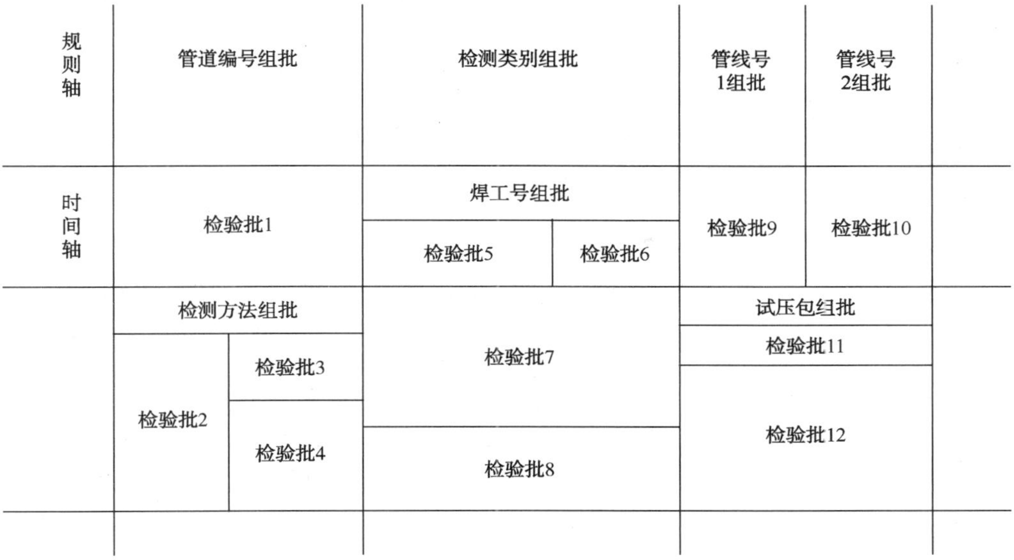

规则轴 管道编号组批 检测类别组批 管线号1组批 管线号2组批

时间轴 检验批1 焊工号组批 检验批5 检验批6 检验批9 检验批10

检测方法组批 检验批2 检验批3 检验批4 检验批7 检验批8 试压包组批 检验批11 检验批12

图 9-6　检验批组批示例

检验批的检测数量应以同一检测比例完成的焊接接头为计算基数确定，“同一检测比例完成的焊接接头”是指这个检验批中的所有焊口，将这些焊口的数量乘以检测比例就是这个检验批应该检测的最少焊口数，本标准将其定义为标准检测数量，其计算方法是不考虑管线号、材质、管道等级、焊工和固定焊口数量等因素。当计算出的标准检测数量有小数时，要向上圆整到整数。例如检测比例为 20%的某检验批总焊口数为 99，则以 99 作为抽检数量的计算基数，计算检测数量为 19. 8，标准检测数量应向上圆整为 20。

确定检验批的标准检测数量主要是因为在本标准中对固定口的检测数量有 40%的规定要求。本标准从 1997 年版开始，就提出了在被检测的焊口中固定焊口不得少于检测数量的 40%。管道规范和 GB 20801《压力管道规范　工业管道》都引用了此项规定。但在实际执行中，在特定情况下因检测数量不足而补检测后会引起固定口检测数量不足的问题，如某检测比例为 20%的检验批中共有 34 道焊口(其中固定焊口 6 道)，由 6 名焊工焊接完成，最少应检测焊口为 7 道，按规定其中固定焊口检测数量为 7×40%＝2. 8，向上圆整应为至少 3 道。检验人员在核查当时抽检的 7 道焊口(包括抽检的 3 道固定焊口)时发现漏覆盖了 1 名焊工，要求至少补检测该焊工的 1 道焊口，而此焊工只焊接了 1 道活动口，如果进行了补检测那实际共检测了 8 道焊口，按之前版本标准条文固定焊口的检测数量就应该为 8×40%＝3. 2，向上圆整为 4 道，就造成补检测后固定焊口的检测比例又不符合要求，又要再去补检测 1 道固定口。为了消除这种循环补检测的情况，本标准将此规定完善为“该批中焊接接头固定口检测不应少于标准检测数量的40%”。在执行此项规定时，还要注意的是，当此检验批中的固定口数量达不到规定标准检测数量的40%时，固定口进行100%检测即可，没有必要再从其他检验批中补检测固定口。如以上案例中，如果固定口只有2道，那检测5道活动口、2道固定口，也是符合标准要求的。当该检验批中恰好没有固定口时，则可以全部抽检活动口。

在确定检验批的抽检焊口时，还要正确理解“覆盖”“均衡”两个词的不同含义。本标准第8.5.12条d)款规定：抽检焊接接头应覆盖施焊的每名焊工/焊工组。这是指要将该检验批中的每名焊工都抽检到，一个都不能遗漏，特别是当打底焊与盖面焊由两名或多名焊工共同焊接完成时，要把此焊工组合当作一名新焊工看待，抽检到此焊工组合，以解决“人”的代表性问题。当标准检测数量大于此检验批中焊工数量时，分配每个焊工1道焊口后剩余的拟抽检数量建议要根据每名焊工的质量业绩优劣来确定，而不是按每名焊工的焊接数量多少来决定。对合格率一直比较高的焊工可以减少抽检数量，甚至不再抽检，多去抽检合格率比较低、质量起伏比较大的焊工。

本标准第8.5.12条e)款规定：检测数量宜按比例均衡分配到各管线号。这是指在分配此检验批中各管线的检测数量时要尽量保持各管线截至目前的总检测比例相对一致(均衡)，但没有规定检验批中的每条管线都要抽检到。当检验批中某条管线截至目前的检测比例比较高时，可以少抽检甚至不抽检。特别是对那些检测比例为5%的检验批，当总焊口数(计算基数)较少时，更突显出此条规定的重要性，可以明显地降低检测绝对数量。比如检测比例为5%的某检验批，共有80道焊口由5名焊工焊接完成(不涉及焊工组)，涉及8条管线，按规定其标准检测数量为4道，但因要满足覆盖每名焊工，至少要抽检5道，此时可以抽检8条线中截至目前已抽检总比例较低的一些管线，尽量使8条线的总检测比例均衡。如果其中有1条管线是新焊接的且数量较多(如有60道)，并且其他7条管线截至目前的抽检比例均已超过5%(如8%)，那拟抽检的5道焊口均抽检此条管线的5名焊工所焊接焊口，这种抽检方法也是符合此款要求的。此款规定是为了延续国内对管道检测比例按管线计算的观念。

5. 检验批的验收

本标准第8.5.11条规定：焊接接头的无损检测比例应按检验批统计。本条强调的是抽样检测时，检测比例是否满足设计和规范要求，主要是检查检验批中的检测比例是否符合要求，而不用去考虑此管线号或管道编号下总的检测比例是否满足要求。强调检验批淡化管线号、管道编号，一是由于前面提到的同一管线按不同管段可能存在两种或几种的检测比例要求，导致在一条管线上统计检测比例的困难，二是强调过程控制，加强了对过程各环节的质量把控，这也是符合国际惯例的。其实国内的标准包括 TSG D0001—2009《压力管道安全技术监察规程——工业管道》、GB/T 20801. 5—2020《压力管道规范　工业管道　第 5 部分：检验与试验》中也没有明确规定管道焊口的检测比例应按照管线号、管道编号进行统计。在 GB/T 20801. 5—2020《压力管道规范　工业管道　第 5 部分：检验与试验》第 5. 1. 2 条对“指定批”的定义注释中，有“相同管道级别、相同材质或者相同检测比例的被检件可组成同一‘批’”，也是许可不同的管线可以放在同一批中的。只要同一批中的焊口按照规则抽样检测合格，那此批中的所有焊口均可按照合格来验收。对检验批的验收，土建专业已经比较成熟，安装专业特别是对焊口的检验批验收可以借鉴土建专业，形成一个共识。

管道焊口分批在工程进展中进行无损检测和验收，能够及时了解当时各焊工的焊接质量情况，防止发生系统性焊接质量问题，是实现过程焊接质量控制的有效措施，也是一个非常经济的方法。检验批的验收要在过程中及时报验，相关的资料要妥善保存，以备在管道压力试验前核验。需要再次强调的是，焊接接头的分批验收旨在为验收过的焊接接头提供一个见证，以后检验批的检测结果不构成对前期检验批的验收否定。当前有些人员对检验批的验收还存在一些误区，主要表现在：

a）当检测过的焊口因设计变更、预制尺寸超差等原因而被割除或者弃用时，认为这个检验批的检测比例不够，要求增加抽检其他焊口后才给予验收。

b）出现超标缺陷的焊口采用割除重新焊接处理的，要求对重新焊接的焊口进行再检测合格后才予以验收。

其实以上两种观点都违背了存在过即是事实的道理，就像本标准第 5. 5. 6 条要求对低温的铬钼合金钢和不锈钢进行低温冲击性能检验一样，被抽到做冲击试验的那两根螺栓当时是事实存在的，经加工成试件完成冲击试验后这两根螺栓就不存在了，但其试验结果代表的是被抽检的批中所有紧固件，试验值合格即代表此批的紧固件低温冲击性能合格，试验值不合格则按本标准第 5. 1. 12 条的规定进行扩检。以上两种情况也是一样的，当时被抽到的焊口，就是这个批的样本，其检测合格就代表这个批中所有焊口是合格的，不能因为被抽检焊口弃用或消失来否定当时的结论。对存在超标缺陷的焊口进行割除重新焊接，也是消除不合格缺陷的一种方法，主要用于发现较长的连续性缺陷或者小口径管的不合格缺陷处理，与 GB/T 20801《压力管道规范　工业管道》中累进检查中更换属于同一范畴。GB/T 20801—2006《压力管道规范　工业管道》实施指南指出：新件应按原件要求用相同的方法在相同的范围用相同的验收标准重新检查。本标准更明确地指出：割除重新焊接的焊接接头应按照原设计规定的检测方法和比例要求进行重新检测至合格(第 8. 5. 16 条)。对于将接头焊缝全部割掉且去除热影响区后重新焊接的焊接接头，原则上不作为返修焊口处理，按新焊口参与新检验批的抽检，不必对该焊口进行单独的100%检测。需要注意的是，对在热处理后割除进行重新焊接的焊口，如果受热处理影响的管段没有割除的话，其热处理次数要累加；在割除不合格焊接接头时，检查员要在现场见证并留存影像资料。

表9-1、表9-2是某单位对检验批验收的报验统计表，表中的各项数据反映了此检验批的总概况、固定口的检测情况、各焊工焊接及检测(包括返修和扩探)情况，一目了然。表9-1中检测的固定口数量虽然只占标准检测数量的23.07%，没有满足标准规定的40%要求，但已经对该批中的所有固定口进行了检测(该检验批中只有3道固定口)，此情形是符合标准要求的。焊工511XA(序号8)只扩探了1道焊口，但已经对在该检验批中此焊工所焊焊口进行了100%检测，也是符合标准要求的。

表9-1　报验统计表(检验批中固定口数量少于标准检测数量的40%)

焊接检测批报验统计表

工程名称	×××××××××	检测批号	2018JA002-RT-131	文件编号	JCPBY—2018JA002-G-00914

施工验收规范	要求检测比例	焊口总数	标准检测数量	涉及焊工(组)总数	一次检测总数	一次检测比例	固定焊口			实检焊口数	实际检测比例
							总数	一次检测数量	占比标准数量		
SH/T 3501—2021	10%	125	13	9	13	10.40%	3	3	23.07%	16	12.80%

序号	焊工号	焊口数量	一次检测数量	一次检测不合格数量	K1检测数量	K1不合格数量	K2检测数量	K2不合格数量	K3检测数量	K3不合格数量	累计检测数量	最高返修次数
1	7694	23	2	0	0	0	0	0	—	—	2	0
2	1237A	11	1	0	0	0	0	0	—	—	1	0
3	6231A	6	1	0	0	0	0	0	—	—	1	0
4	1212C	12	1	0	0	0	0	0	—	—	1	0
5	4917I	18	3	0	0	0	0	0	—	—	3	0
6	2450	21	1	1	2	0	0	0	—	—	3	2
7	3051A	23	1	0	0	0	0	0	—	—	1	0
8	511XA	2	1	1	1	0	0	0	—	—	1	0
9	5051	9	2	0	0	0	0	0	—	—	2	0

焊接质检员：××× 日期：××年××月××日	施工专业工程师：××× 日期：××年××月××日	EPC专业工程师：××× 日期：××年××月××日	监理专业工程师：××× 日期：××年××月×日

表 9-2 中因焊工 2218B(序号 2)第一次扩探(K1)有 1 道焊口不合格，按照本标准要对该检验批中此焊工所焊的剩余 33 道焊口进行全部检测，从表 9-2 中可以看出第二次扩探后还有 5 道焊口不合格，需按程序进行返修至合格，表 9-2中的 K3 是对执行 GB 505017《石油化工金属管道工程施工质量验收规范》或 GB/T 20801《压力管道规范　工业管道》等标准时需要进行三次扩探用的。该检验批虽然实际共检测了焊口 43 道，但固定口的检测数量不是按照实际检测数量作为基数计算的，也不是按照一次检测数量作为基数计算的，而是按照标准检测数量作为基数计算的。

表 9-2　报验统计表(检验批中某一焊工进行 100%检测)

焊接检测批报验统计表

工程名称	××××××××××	检测批号	2018JAC02-RT-132	文件编号	JCPBY—2018JA002-G-00915

施工验收规范	要求检测比例	焊口总数	标准检测数量	涉及焊工(组)总数	一次检测总数	一次检测比例	固定焊口			实检焊口数	实际检测比例
							总数	一次检测数量	占比标准数量		
SH/T 3501—2021	10%	72	8	3	8	11. 11%	13	4	50. 0%	43	30. 81%

序号	焊工号	焊口数量	一次检测数量	一次检测不合格数量	K1 检测数量	K1 不合格数量	K2 检测数量	K2 不合格数量	K3 检测数量	K3 不合格数量	累计检测数量	最高返修次数
1	4411F	11	1	0	0	0	0	0	—	—	1	0
2	2218B	38	3	1	2	1	33	5	—	—	38	1
3	3136A	23	4	0	0	0	0	0	—	—	4	0

焊接质检员：××× 日期：××年××月××日	施工专业工程师：××× 日期：××年××月××日	EPC 专业工程师：××× 日期：××年××月××日	监理专业工程师：××× 日期：××年××月×日

实时的焊接过程质量控制和质量验收，既有利于减少总体验收带来的风险，也可以避免焊口积压到工程后期压力试验前进行集中检测，从而增加大量不必要、不合理的检测焊口，防止在管道系统试压阶段因检验批未及时报验而延误管道安装工期。

四、累进检测和扩大检测(扩探)

局部检测和抽样检测发现超标缺陷后，应按原检测方法进行扩探和复检，不允许用别的检测方法进行检测，因为每种检测方法都有其优势和局限性，不同检测方法的检测结果并不一定是一致的，一种方法检测合格的焊口，用另一种方法检测时可能会不合格，在此时互相替代会产生混乱。本标准2002年版及以前的版本只规定了抽检检测的累进检测要求，对局部检测的扩探没有指导意义，从本标准2011年版开始按照局部检测和抽样检测的扩探分别进行了描述，并且完善了检测方法的要求。本标准第8.5.14条对抽样检测的扩探规定如下：

抽样检测发现不合格焊接接头时，应按照原检测方法进行累进检测和复检。检验批的验收应符合下列要求：

a）在一个检验批中检测出不合格焊接接头时，应对同批中该焊工焊接的焊接接头按不合格焊接接头数量加倍进行检测。加倍检测焊接接头全部合格、所有返修部位复检合格或不合格焊接接头已经割除的，则对该批焊接接头予以验收。

b）若加倍检测的焊接接头中又检测出不合格焊接接头，应对同批焊接接头中该焊工焊接的全部焊接接头进行检测，全部检测焊接接头及返修部位检测合格，或不合格焊接接头已经割除的，可对该批焊接接头予以验收。

本标准第8.5.15条对局部检测的规定为：局部检测的焊接接头发现不合格缺陷时，应在该缺陷延伸部位增加检测长度，增加的长度应为该焊接接头长度的10%，且不应小于250mm。若增加检测长度范围内仍有不合格的缺陷，则对该焊接接头做全部(100%)检测。

因为局部检测按每个焊接接头焊缝的长度计算且检测长度不小于250mm的控制比例规则与压力容器焊缝的控制方法基本相同，所以对于发现超标缺陷后的扩探规则，本标准也参考了压力容器的扩探规定。但考虑到压力容器的直径普遍大于管道，如果完全按照GB/T 150《压力容器》的规则扩大检测，扩探比例会远超过10%，所以本标准并没有像GB/T 150《压力容器》那样强制要求在超标缺陷两端的延伸部位增加检查长度且两侧均不小于250mm(GB/T 150.4—2011《压力容器　第4部分：制造、检验和验收》第10.5.3条)，对在什么情况下要在缺陷的一端或两端进行扩探没有明确的规定。建议对公称直径小于或等于*DN*1000的管道焊口扩大检测在缺陷延伸的一侧(近侧)进行扩探一张(用360mm长的片子、有效长度320mm时)；对公称直径大于*DN*1000以及扩探两张以上的，在缺陷的两端延伸部位各自布片进行扩探。需要注意的是，当在返修前进行扩探时，应在不合格缺陷部位(片位)延伸部位(片位)进行检测；当在返修完成后再进行扩探时，应在返修完成部位(片位)延伸部位(片位)进行检测。

当抽样检测出现不合格时，加倍检测的焊接接头应在出现不合格的该焊工所焊同一批焊接接头中选取，并应按同日、同材质、同焊接位置、同规格、同管线号的顺序优先考虑，可以选择同批、不同管线号的焊接接头。当前有些人员对抽检检测的扩探还存在一些误区，主要表现在：

a）当1个检验批中某焊工只有1道焊口，而这道焊口经检测不合格后，要求在以前已经验收的检验批或者后续的检验批中扩探2道焊口，或者要求对此焊工出现不合格焊口的管线扩探2道焊口(不在此检验批中)。

b）当1个检验批中某焊工的焊口经检测不合格，按要求扩探也发生不合格后，要求对此焊工在以前已经验收的检验批和后续的检验批中所有的焊口进行100%检测，或者要求对此焊工出现不合格焊口的管线上的所有焊口进行100%检测，包括以前焊接的和以后焊接的。

以上两种情况都是违背了检验批验收的原则。当出现第一种情况时，因为此焊工在此检验批中的焊口已经进行100%检测(在此批中该焊工只焊接了1道焊口)，就不存在扩探的问题。以前已经验收的检验批是认可该焊工所焊的焊口都是合格的，没有必要再检测一次；以后焊接的焊口会归纳到新的检验批中，会按照新检验批的要求进行检测，也没必要进行额外的检测。出现不合格焊口的管线已经(未焊接的将来会)归纳到相应的检验批中进行验收，也没必要进行额外的检测。对于第二种情况，只要对此检验批中该焊工所焊接的所有焊口进行100%检测即可。如果非要对此焊工以前焊接的及以后焊接的焊口都进行100%检测，极有可能造成施工单位篡改焊接记录，将此焊工焊接的焊口改成别的焊工焊接的，有胁迫他人弄虚作假的嫌疑，最终造成质量的不可追溯，无法保证后续焊接的焊口按照规定的规则检测。目前，在一些工地上出现的每条管线只由一名焊工焊接而成的焊接记录、扩探的焊口不再出现超标缺陷的情况，基本上是与事实不符的，主要是不合理的扩探要求引起的。

本标准规定中间只允许进行一次扩探，一经发现扩探不合格就必须对局部检测的该道焊口或者抽样检测的该焊工在此检验批中所焊接的所有焊口进行100%检测，这比GB 50517《石油化工金属管道工程施工质量验收规范》、GB/T 20801《压力管道规范　工业管道》规定中间允许两次扩探要严格，主要是考虑本标准所适用的有毒、可燃介质管道发生泄漏引起次生灾害的危险性大。为便于区别不同的扩探行为，建议检测单位对各次扩探分别用“K1”“K2”“K3”后缀表示。

第十章　管道系统试验

一、管道试压条件确认

管道系统压力试验前应确认管道系统安装完毕、热处理和无损检测合格(第 9.1.1 条)。管道系统压力试验条件包含了现场工程实体和资料审查确认。

1. 资料审查确认中，本次修订将“无损检测报告”改为“无损检测结果”[第 9.1.2 条 e)款]，这是根据工程项目建设实际情况而制定的。一般来讲，在管道试压阶段，无损检测单位的无损检测报告不齐全，整理核实需要一定的时间，有可能影响到试压的进度。但此时，检测单位可以填写 SH/T 3543-G415“管道焊口无损检测结果通知单”，将试压包内焊缝的无损检测结果告知施工单位。施工单位可以据此整理试压包报检资料。

2. 现场工程实体检查确认中，对“焊接及热处理工作已全部完成”增加了“无损检测”的要求，即第 9.1.3 条 d)款规定的“焊接、无损检测及热处理工作已全部完成”。焊接及热处理工作已全部完成应包括静电接地的焊接工作在内，无损检测工作也必须完成。

3. 第 9.1.3 条 e)款规定：焊缝及其他应检查的部位，除涂刷底漆外不得进行其他防腐和绝热工程施工。这是参照 ASME B31.3《Process Piping》(工艺管道)和 GB/T 20801《压力管道规范　工业管道》制定的。除涂刷底漆外不得进行涂沥青、刷面漆和绝热等工程施工，这主要是考虑涂刷底漆对系统压力试验(不包括敏感性泄漏试验)的泄漏检查效果没有影响；否则管道的施工过程时间很长，管道及其焊接接头未涂底漆而导致严重腐蚀，出现管道进行最后涂漆防腐时又除锈不良的现象。

GB/T 20801.5—2020《压力管道规范　工业管道　第 5 部分：检验与试验》对压力试验时的接头外露作了下列规定：

a) 除按本部分预先进行过试验的接头可以包覆绝热层或覆盖层外，所有接头均不得包覆绝热层，以便在压力试验时进行检查。

b) 按 GB/T 20801.5—2020《压力管道规范　工业管道　第 5 部分：检验与试验》第 9.1.7 条 c)款的规定进行泄漏试验时，所有接头均不应上底漆和油漆。

c) 对 GC3 级管道，经业主或设计者同意，进行液压试验或初始运行压力试验时，接头可以包覆绝热层或覆盖层，但应延长保压时间以观察有无泄漏和其他异常。

4. 管道试压流程图，一般借用工艺流程图(PID图)进行标识，对一些较小的试压包，特别是单线或者单管段试压时也可以在轴侧图(单线图)上进行标识。一个试压包的试压流程图原则上要求在单张图上体现，在图上明确本次试压的范围，并标出上水点、排空点、盲板主压力表设置位置(可借用相邻的焊口号来标识相应位置)。在PID图上标识时，参与试压的管线建议用粗线标出，在相应位置上标注各管线号，对不参与本次试压的管段用点划线隔断，并在隔断外标注此位置相邻的焊口号。

二、液体压力试验

压力试验包括液体压力试验和气体压力试验。除设计文件规定进行气压试验的管道外，管道系统的压力试验介质应以液体进行。管道液压试验时的试验介质温度不得低于5℃。试压用的压力表不应少于2块，压力表的量程应为最大试验压力的1.5~2.0倍，精度等级不得低于1.6级(第9.1.3条)。其中至少1块压力表安装于液位最高点，且以安装于液位最高点的压力表读数为准。

1. 液体试验压力

液体压力试验的压力不应小于设计压力的1.5倍(第9.1.5条)。当管道系统的设计温度高于试验温度时，管道的液压试验压力应按本标准式(9.1.6)计算，计算后的试验压力不得使管道在试验条件下产生的周向应力或轴向应力超过试验温度下材料屈服强度，且不得超过1.5倍管道组成件的额定压力(第9.1.6条)。本次修订将本标准2011年版中的“液体压力试验的压力为设计压力的1.5倍”改为“液体压力试验的压力不应小于设计压力的1.5倍”；将“计算后的试验压力不得使管道在试验条件下产生的周向应力或轴向应力超过试验温度下材料屈服强度的90%”中“的90%”删除。这是根据GB/T 20801.5—2020《压力管道规范　工业管道　第5部分：检验与试验》的要求修改的，与ASME B31.3《Process Piping》(工艺管道)的要求也是一致的。

也就是说，液体压力试验压力不得小于设计压力的1.5倍，产生的周向应力或轴向应力也不得超过试验温度下材料屈服强度，且不得超过1.5倍管道组成件的额定压力。这样规定后，在管道系统试压时，对于设计压力相近的管线，就可以统一到一个试验压力下进行试压，为现场试压组织提供了很大的便利。当然，施工单位划分试压包的原则并不是越大越好，合理划分试压包，可以使施工组织、试压包施工、扫尾、试压、试验检查等更加便捷。

管道系统的设计压力与处于同一系统内的设备的设计压力可能不同，且设计压力相同的管道与设备，其试验压力也不相同，但是管道与设备可以作为一个系统进行液压试验，当然首先应征得建设和设计单位同意，应对试验压力进行调整，以保证设备的安全。当管道的试验压力小于或等于设备的试验压力时，应按管道的试验压力进行试验；当管道试验压力大于设备的试验压力，且设备无法隔离，设备的试验压力等于或大于管道试验压力的77%时，可按设备的试验压力进行试验(第9.1.8条)。否则，就应将管道和设备分开，分别进行试压。

2. 管道试压周向应力的计算

当管道系统的设计温度高于试验温度时，试验压力不得使管道在试验条件下产生的周向应力或轴向应力超过试验温度下材料屈服强度，且不得超过1.5倍管道组成件的额定压力(第9.1.6条)。

试验条件下管道组成件的周向应力计算在GB 50316《工业金属管道设计规范》中有规定，该试验压力在液压试验时，应降至材料标准常温屈服点的90%(计入焊接接头系数)；在气压试验时，应降至材料标准常温屈服点的80%(计入焊接接头系数)，计算公式见式(10-1)~式(10-3)。

$$\sigma_T = P_T[D_O-(t_{sn}-C)]/2(t_{sn}-C) \quad \cdots\cdots\cdots\cdots (10-1)$$

液压试验时

$$\sigma_T \leqslant 0.9E_j\sigma_s \quad \cdots\cdots\cdots\cdots (10-2)$$

气压试验时

$$\sigma_T \leqslant 0.8E_j\sigma_s \quad \cdots\cdots\cdots\cdots (10-3)$$

式中 σ_T——在试验条件下组成件的周向应力，MPa；

P_T——试验压力，MPa；

D_O——管子外径，mm；

t_{sn}——直管名义厚度，mm；

C——所有厚度附加量之和，mm；

E_j——焊接接头系数；

σ_s——材料标准常温屈服点，MPa。

周向应力核算涉及管道的壁厚；焊接接头系数E_j仅与焊接方法、检测要求、接头形式有关，可视为定值；对于钢管，其材料标准常温屈服点σ_s为定值。

3. 液压试验介质

液体压力试验介质应使用洁净水。当生产工艺有要求时，可用其他液体。当不锈钢管道(包括含不锈钢设备的试压系统)用水试验时，水中的氯离子含量不得超过50mg/L(第9.1.10条)。本次修订将“工业用水”改为“洁净水”。因为工业用水概念容易引起误解，不易被人接受。此修改基于以下因素：

a）目前 GB/T 20801《压力管道规范　工业管道》等相关标准中规定“试验流体使用洁净水”，与之保持一致的说法。

b）有关阀门试压、设备试压、仪表调节阀试压等众多标准也规定“试验介质采用洁净水”。

c）在新建装置中，当管线试压使用消防水、市政生活用水、饮用水等其他临时水源时，不符合工业用水的定义和专项指标，极易引起歧义。

4. 不同试验压力值的分级液压试验

每次压力试验操作原则上是在同一试验压力值上进行。但一些管道系统由于放空点或进水点设置受限，无法进行单一试验压力值的操作，需要将两个甚至多个不同试验压力值的管道系统将阀门作为试压盲板进行分级试压操作。这种操作方法仅限于液压试验，严格意义上仍属于多个系统的压力试验，虽然可以只设一个放空点和一个进水点，但压力表应按照(n+1)个进行设置，其中 n 个压力表分别设置在各个系统的高处，另一个压力表设置在进水处。在策划时，低压系统应设置在末端(盲肠端)，最高压系统应设置在进水端。对借用阀门当隔断盲板的，原则上相邻两个系统的最大压差(高压系统的试验压力值-低压系统的设计压力值)不能超过阀门冷态工作压力的 1.1 倍。同时还要考虑阀门的承压情况，如较高压系统在较大阀门直径(*DN*200 以上)截止阀“低”处端的，就要考虑压差对阀杆和密封的影响，不建议用在较大压差的两个系统中。当采用双截止阀时，应用“高”处在较高压系统侧的截止阀作为隔断阀门。当压力试验到达低压系统的严密性试验阶段(即到达试验压力后再降到设计压力)时，应及时关闭阀门。当较高压系统继续升压时，应观察较低压系统压力表指数是否也跟随上升，确保阀门密封正常。

需要强调的是，应在压力试验方案中明确进行分级压力试验的系统范围，几个分级系统原则上要在同一个试压流程图中体现，并明确作为隔断盲板的阀门，同时在方案中明确关闭的时机和顺序，除指导作业人员按程序操作外，也方便检验人员按方案和流程进行检查核验。

三、气体压力试验

1. 试验条件

由于管道系统在进行气压试验时，蕴含的能量大，气压试验的储存能量比液压试验大 2500 余倍，存在很大的安全风险。本标准对于气压试验的限定较为严格。

本标准第 9.1.4 条规定：除设计文件规定进行气压试验的管道外，管道系统的压力试验介质应以液体进行。液压试验确有困难时，经设计单位和建设单位同意，可用气压试验代替，但试验压力不宜大于 1.6MPa，并应符合下列条件：

a）管道系统内施工焊接接头已按本标准第 8.5 条规定检测合格。

b）脆性材料管道组成件经液压试验合格。

c）试验系统应设置压力泄放装置，其设定压力不得高于试验压力加上 0.345MPa 和 1.1 倍试验压力两者中的较小者。

d）试压方案中应有切实的安全措施，经施工单位安全部门和技术部门审核，并经技术负责人批准。

如果试验压力大于 1.6MPa，依据 SH/T 3550—2012《石油化工建设工程项目施工技术文件编制规范》第 4.3.4 条的规定：大于或等于 1.6MPa 的管道气压强度试验应编制专项施工技术方案。专项工程施工技术方案应由施工单位项目经理组织有关管理人员和专业技术人员编制，安全主管部门参与审核，施工单位技术总负责人批准。实行施工总承包的，专项方案应由总承包单位技术负责人及相关专业承包单位技术负责人签字。另外，方案实施过程中，还要组织施工人员上岗资格确认、岗前培训、作业条件确认、施工过程监督检查等。

GB/T 20801《压力管道规范　工业管道》也规定：如果采用气压试验，应对管道系统的完整性进行风险评估和危害辨识，气压试验的安全操作程序应经过审核。气压试验时，应将脆性破坏的可能性减少至最低限度，应考虑试验温度的影响。气压试验温度至少要比管道系统材料的最低允许金属温度高 17℃。材料的最低允许金属温度不明时，试验温度不得低于 17℃。试验系统中不得包括铸铁等脆性材料。试验时应装有压力泄放装置，其设定压力不得高于 1.1 倍的试验压力。

2. 试验压力

ASME B31.3《Process Piping》(工艺管道)和 GB/T 20801《压力管道规范　工业管道》都规定：承受内压的金属管道，气压试验压力应不低于 1.1 倍设计压力，同时不超过下列压力中的较小者：

a）1.33 倍设计压力。

b）试验温度下产生超过 90%屈服强度周向应力或纵向应力(基于最小管壁厚度)时的试验压力。

根据多年经验，本标准一直规定：气体压力试验的试验压力为设计压力的 1.15 倍(第 9.1.5 条)。这更便于实际操作，本次修订也没有修改。气体压力试验时，应进行预试验，预试验压力宜为 0.2MPa，稳压 10min，检查应无泄漏；

气体压力试验时，应逐步缓慢增加压力。当压力升至 0.35MPa 时，稳压 3min，未发现异常或泄漏，继续按试验压力的 10%逐级升压，每级稳压 3min，至试验压力后，稳压 10min，再将压力降至设计压力，涂刷中性发泡剂对试压系统进行检查，无泄漏为合格(第 9.1.13 条)。

3. 替代试验

除设计文件规定进行气压试验的管道外，管道系统的压力试验介质应以液体进行。液压试验确有困难时，经设计单位和建设单位同意，可用气压试验代替，但试验压力不宜大于 1.6MPa(第 9.1.4 条)。液体试压确实有困难的，通常为以下情况：

a）管径大的低压火炬系统。

b）裂解装置的裂解气管线等。

c）裂解气压缩机组进出口管线等。

d）采用液压试验容易造成管道系统内部腐蚀的管线系统。

4. 气压试验安全距离

由于气压试验时，系统内储存能量大，气压试验相比液压试验风险大。虽然本标准对现场气压试验设置了一定的限制条件。但为降低安全风险，试验时仍要考虑安全距离，并设置气压试验安全警戒区。

a）气压试验的系统储能可参照 ASME PCC－2－2018《Repair of Pressure Equipment and Piping》(压力设备和管道的修理)附录 501－Ⅱ中的方法进行计算，当试验介质采用空气或氮气时，系统储能可按式(10−4)计算。

$$E=2.5\times P_{at}\times V\left[1-\left(\frac{P_a}{P_{at}}\right)^{0.286}\right] \quad \cdots\cdots\cdots\cdots\cdots\cdots\cdots \quad (10-4)$$

式中　E——系统储能，J；

P_{at}——试验压力(绝对压力)，Pa；

P_a——大气压(绝对压力)，1.01×10^5Pa；

V——系统容积，m^3。

b）根据 ASME PCC−2−2018《Repair of Pressure Equipment and Piping》(压力设备和管道的修理)规定：气压试验时，系统储能 E 不宜大于 2.71×10^8J。当系统储能 E 小于或等于 1.355×10^8J 时，安全距离 R 不应小于 30m；当系统储能 E 大于 1.355×10^8J 且小于或等于 2.71×10^8J 时，安全距离 R 不应小于 60m。

c）气压试验设置安全警戒区非常重要，同时从安全考虑应设置不超过 50m 的安全逃生通道。近距离观察其气压试验情况有时也是比较危险的。现场经常采取的措施：一是采用望远镜观察压力表情况；二是采取用缓冲罐和试验系统相连，观察安装在缓冲罐上的压力表变化情况。

d）每个检查点都应能够目测检查，否则应搭设脚手架。

5. 气压试验温度影响

本标准中对气压试验环境温度没有提出专门要求。

现场有因环境气温低，水压试验容易结冰的情况，而采用气压试验来代替液压试验。实际上，在温度较低时，气压试验检漏涂刷中性发泡剂也会立刻冻结，无法检查漏点。

另外，当气压试验温差变化较大时，由于气体压缩比大，对于较大的系统来说，轻微泄漏时压力表降压不明显，仅靠观察压力表无法判断气压试验是否合格。这就需要近距离对所需要检查部位进行观察。搭设气压试验观察所用的脚手架，难度和工程量往往也很大，需要综合考虑。

四、压力试验免除

本标准参考 ASME B31. 3《Process Piping》(工艺管道)对免除压力试验的要求，对 2011 年版标准修订形成了第 9. 1. 19 条：当设计单位和建设单位确认管道系统进行液压试验和气压试验不切实际，且同时满足免除压力试验的条件时，可按本标准第 9. 1. 20 条的规定免除压力试验。

1. 将“不切实际”进行了细化。不切实际主要指以下两种情况：

a）采用液压试验损害衬里或内部绝热层、影响工艺安全或需要对管道系统支吊架进行重大修改。

b）采用气压试验，试验压力大于 1. 6MPa。

2. 免除压力试验的条件如下：

a）所有与受压元件连接的焊接接头应 100%进行无损检测，检测结果应符合本标准表 8. 5. 7 的规定。

b）管道系统应通过敏感性泄漏试验，试验时焊缝及其他应检查的部位不得进行任何隐蔽工程施工(第 9. 1. 20 条)。

删除了本标准 2011 年版“管道系统已按规定进行柔性分析”的要求，这个要求其实仍然是需要的，因为柔性分析只能是设计完成，免除压力试验需设计单位进行确认，如果设计单位同意，说明已进行了柔性分析或在各种工况下满足柔性设计的要求。“所有与受压元件连接的焊接接头”不仅包括施工单位焊接的符合本标准表 8. 5. 7 的对接、角接和支管连接接头，还包括管道组成件上的所有焊接接头。敏感性泄漏试验方法可采用本标准第 9. 3. 6 条、第 9. 3. 7 条中的任何一种方法。

GB/T 20801.5—2020《压力管道规范　工业管道　第5部分：检验与试验》第9.1.7条对压力试验的免除条款和本标准的规定是不冲突的。

五、试压盲板最小厚度计算

在管道施工建设过程中，盲板用于不同压力级别管道试压的隔断，以及检修管道与运行中管道的隔离。盲板的强度对于试压安全至关重要。盲板选择的一般方法是根据管道压力、盲板外径、材料许用应力等因素来确定盲板材料的厚度。值得注意的是，盲板用材料也应具有质量证明书，以保证盲板材料的安全性。可采用下列方式选取盲板。

1. 夹在两法兰之间的盲板

可按照GB 50316—2000《工业金属管道设计规范》(2008年版)进行计算，夹在两法兰之间的盲板的厚度按式(10-5)计算。

$$\delta_m = 0.433 d_c \left(\frac{P}{[\sigma]^t \cdot E_j} \right)^{0.5} \quad \cdots\cdots\cdots\cdots (10-5)$$

式中　δ_m——盲板计算厚度，mm；

d_c——法兰垫片的内径或平均直径，mm；

P——设计压力，MPa；

$[\sigma]^t$——在设计温度下材料的许用应力，MPa(见表10-1)；

E_j——焊接接头系数，当用整体钢板制作时，取1。

对于永久性盲板还应增加厚度附加量，应考虑腐蚀或磨蚀附加量、厚度减薄附加量。

表10-1　常用钢板许用应力[GB 50316—2000(2008年版)]

钢号	标准号	使用状态	厚度/mm	常温强度指标		在下列温度下的许用应力/MPa				
				σ_b/MPa	σ_s/MPa	≤20	100	150	200	250
碳素钢钢板										
Q235-A.F	GB 912	热扎	3~4	375	235	113	113	113	105	94
	GB 3274	热扎	4.5~16	375	235	113	113	113	105	94
Q235-A	GB 912	热扎	3~4	375	235	113	113	113	105	94
	GB 3274	热扎	4.5~16	375	235	113	113	113	105	94
			>16~40	375	225	113	113	107	99	91

续表

钢号	标准号	使用状态	厚度/mm	常温强度指标		在下列温度下的许用应力/MPa				
				σ_b/MPa	σ_s/MPa	≤20	100	150	200	250
Q235-B	GB 912	热扎	3~4	375	235	113	113	113	105	94
	GB 3274	热扎	4.5~16	375	235	113	113	113	105	94
			>16~40	375	225	113	113	107	99	91
Q235-C	GB 912	热扎	3~4	375	235	125	125	125	116	104
	GB 3274	热扎	4.5~16	375	235	125	125	125	116	104
			>16~40	375	225	125	125	119	110	101
20R	GB 6654	热扎或正火	6~16	400	245	133	133	132	123	110
			>16~36	400	235	133	132	126	116	104
			>36~60	400	225	133	126	119	110	101
			>60~100	390	205	128	115	110	103	92
低合金钢钢板										
16MnR	GB 6654	热扎、正火	6~16	510	345	170	170	170	170	156
			>16~36	490	325	163	163	163	159	147
			>36~60	490	305	157	157	157	150	138
			>60~100	460	285	153	153	150	141	128
			>100~120	450	275	150	150	147	138	125

2. 插入焊接式试压盲板

工艺管道分段试压时，对于不是法兰连接形式的管道，可以采取插入式焊接盲板与管道的连接方式进行试压。连接方式示意如图 10-1 所示。

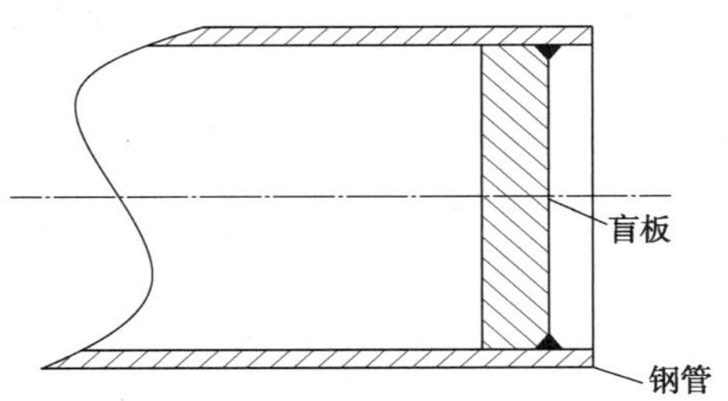

图 10-1　插入式焊缝平盖盲板

根据 GB 50316—2000《工业金属管道设计规范》(2008 年版)，无拼接焊缝平盖厚度按式(10-6)计算。

$$t_p = K_1(D_i + 2C)[P/[\sigma]^t\eta]^{0.5} \quad\cdots\cdots\cdots\cdots\cdots\cdots \quad (10-6)$$

式中　t_p——平盖计算厚度，mm；

K_1，η——与平盖结构有关的系数；

C——厚度附加量之和，mm；

D_i——管子内径，mm；

P——设计压力，MPa；

$[\sigma]^t$——设计温度下材料的许用应力，MPa。

对于盲板仅用于适用于水压试验，且公称直径小于或等于 $DN400$ 的管道，取 K_1 为 0.4，η 为 1.05，不考虑厚度附加量，简化后的公式见式(10-7)。

$$\delta_m = 0.39D_i(P/[\sigma]^t)^{0.5} \quad (10-7)$$

式中　δ_m——盲板计算厚度，mm。

3. 小管径试压涨塞

根据施工现场情况，也可采用自行加工制作的管道涨紧工装，对工艺管道水压试压过程中无法兰接口的管口进行封堵，完成工艺管道的试压工作。该工装(见图 10-2)制作简单、小巧轻便、适用性强、易操作。

(a) 内涨打压工装爆炸图

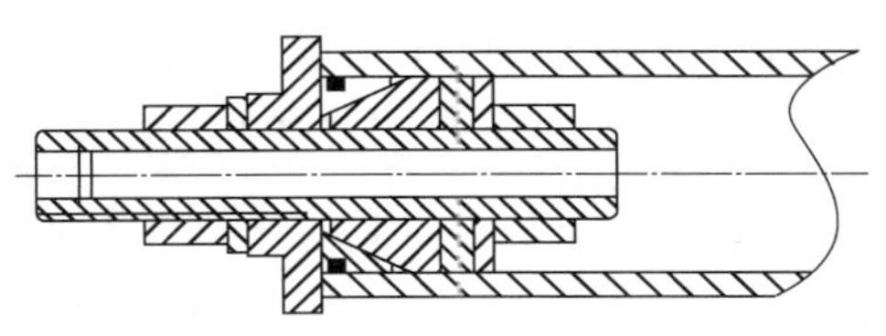

(b) 内涨打压工装装配图

图 10-2　自制管道涨紧工装

4. 卡式快速管口试压工装

利用楔形原理，在盲板上设置楔形卡块(见图 10-3)。紧固螺栓时，楔形卡块与管道内壁靠紧，从而产生抵御管道内部水压试验载荷的力，实现管道试压的目的。这种方法可解决焊接盲板进行试压后，需要割除盲板并重新加工管道坡口等带来的功效降低的问题。

六、管道系统吹扫

管道吹洗是保证管道内部无杂物、一次试车成功、生产合格产品的重要措施。管道系统吹扫方法一般有人工清扫、水冲洗、空气吹扫和蒸汽吹扫四种。

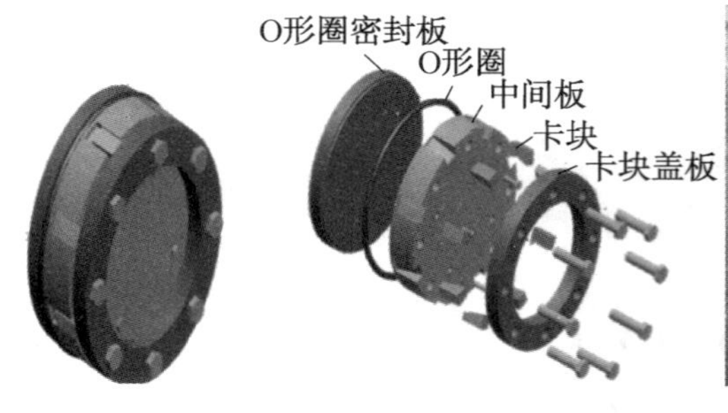

图 10-3 盲板上设置楔形卡块

特殊清洗（如油冲洗、化学清洗、脱脂等）则按专门技术规程进行处理。人工清扫主要用于公称直径大于 *DN*600 的管道。实际上，对于有毒、可燃介质管道来说，人工清扫和蒸汽吹扫应用较少。

1. 为了保护管道及其附件，本标准作了下列规定：

a）孔板、法兰连接的调节阀、节流阀、安全阀、仪表件等不应安装。对已焊在管道上的阀门和仪表，应采取相应的保护措施（第 9.2.3 条）。

b）管道支架吊架应牢固，必要时应进行加固（第 9.2.3 条）。在蒸汽吹扫时应特别注意。

c）冲洗不锈钢管道系统时，水中氯离子含量不得超过 50mg/L（第 9.2.4 条）。

d）吹扫压力不得超过容器和管道系统的设计压力（第 9.2.5 条）。

2. 为了提高吹扫效果，本标准规定了吹扫时的顺序和介质流速。吹扫应按主管、支管、排放管依次进行（第 9.2.11 条）。对介质流速的规定为：水冲洗时水的流速不得小于 1.5m/s（第 9.2.6 条）；空气吹扫时的空气流速不得小于 20m/s（第 9.2.8 条）。

3. 吹扫的合格标准为：在排出口用白布或涂白色油漆的靶板检查，在 5min 内，靶板上无铁锈及其他杂物为合格（第 9.2.9 条）。

七、关于泄漏试验

关于泄漏试验本次修订变动比较大，修订后具有操作性。经气压试验合格，且在试验后未经拆卸的管道，可不进行泄漏试验。

SHA1 级、SHA2 级、SHB1 级管道以及设计文件规定的管道系统，应进行泄漏试验。泄漏试验应在压力试验合格后进行，泄漏试验包括气密性泄漏试验和敏感性泄漏试验。可根据实际情况进行敏感性泄漏试验。泄漏试验的检查重点应是阀门填料函、法兰或螺纹连接处、放空阀、排气阀、排水阀等。

1. 气密性泄漏试验

气密性泄漏试验试验压力应为设计压力，真空管道试验压力应为内压0.1MPa，试验介质可用空气(第9.3.5条)。设计压力一般大于操作压力及系统安全阀的起跳压力。根据泄漏性试验的定义，在系统运行前，所有系统组件安装完成，相关的安全阀调节阀均安装完成。进行泄漏性试验，未升压到设计压力，系统安全阀起跳，即无法按设计压力进行泄漏性试验。管道设计压力是指在工作条件下，管道中可能遇到的工作压力和工作温度组合中最苛刻条件下的压力。管道设计压力的确定原则如下：

a）管道设计压力不得低于最大工作压力。

b）装有安全泄放装置的管道，其设计压力不得低于安全泄放装置的开启压力(或爆破压力)。

c）所有与设备相连接的管道，其设计压力不应小于所连接设备的设计压力。

d）输送制冷剂、液化气类等低沸点介质的管道，按阀被关闭或介质不流动时介质可能达到的最大饱和蒸气压力作为设计压力。

e）管道或管道组成件与超压泄放装置间的通路可能被堵塞或隔断时，设计压力按不低于可能产生的最大工作压力来确定。

f）工程设计规定需要计算管壁厚度的管道，其“管壁厚度数据表”中所列的计算压力即为该管道的设计压力，与计算压力相对应的工作温度即为该管道的设计温度。

管道设计压力选取应：

a）设有安全阀的压力管道，管道设计压力≥安全阀开启压力。

b）与未设安全阀的设备相连的压力管道，管道设计压力≥设备设计压力。

c）离心泵出口管道，管道设计压力≥泵的关闭压力。

d）往复泵出口管道，管道设计压力≥泵出口安全阀开启压力。

e）压缩机排出管道，管道设计压力≥安全阀开启压力+压缩机出口至安全阀沿程最大正常流量下的压力降。

f）真空管道，管道设计压力=全真空。

g）凡不属上述范围管道，管道设计压力≥工作压力变动中的最大值。

也就是说无法按设计压力进行气密性泄漏试验，本次修订没有解决这个问题。

但是经建设单位或设计单位同意，气密性试验可按最高操作压力或结合试车一并进行(第9.3.5条)。这是由于若硬性规定统一采用设计压力进行气密性泄漏试验，可能会造成管道系统中安全泄放装置无法承受设计压力，较高的试验压力在一些新建项目中可能造成气源无法解决，从而失去操作性。综合多年的气密性试验经验，只要严格按照试车方案的要求进行试验和检查，就可以确保管道系统的严密性要求。

2. 敏感性泄漏试验

敏感性泄漏试验的基本方法是气泡泄漏检测——直接加压技术。卤素二极管泄漏检测试验方法、氦质谱仪泄漏检测——吸枪技术试验方法和氨泄漏检测试验方法是灵敏度更高的敏感性泄漏试验方法。

影响气体泄漏试验灵敏度的因素主要有试验压力、试验气体、起泡溶液、光照度等，从灵敏度角度看，由于气密性泄漏试验的压力比气泡泄漏检测(直接加压技术)的试验压力要高，在其他条件相同的情况下，其灵敏度要低于气泡泄漏检测。

根据GB/T 20801《压力管道规范　工业管道》有关规定，明确了敏感性泄漏试验的方法和要求。一般认为气泡泄漏试验时选择中性发泡剂所形成的气泡不会因为空气干燥或较低的表面张力而迅速破裂，有较高的试验灵敏度，可以达到10^{-5}Pa·m^3/s数量级水平；氨泄漏检测的灵敏度可达到10^{-9}Pa·m^3/s数量级水平，卤素二极管泄漏检测的灵敏度在10^{-7}～10^{-5}Pa·m^3/s的范围内，氦质谱仪泄漏检测的灵敏度可达到10^{-10}Pa·m^3/s数量级水平。

3. 泄漏试验记录

管道系统泄漏性试验，一般结合试车完成。

装置的系统清洗、吹扫、试压、气密、干燥、置换等生产准备阶段的方案，一般由建设单位组织编制。方案审批完成后，建设单位牵头组织实施。施工单位负责配合实施。

管道系统泄漏试验完成后，施工单位应按照SH/T 3503《石油化工建设工程项目交工技术文件规定》的要求，及时填写并签署完成SH/T 3503-J407“管道系统泄漏试验条件确认及试验记录”。

第十一章　施工过程技术文件和交工技术文件

本标准规定了有毒、可燃介质管道的施工过程技术文件和交工技术文件内容。根据目前工程建设各方的普遍见解和标准的不断修订，交工技术文件已趋向简化。石油化工工程施工过程中形成的文件包括交工技术文件和施工过程技术文件。交工技术文件是工程总承包单位或设计、采购、施工、检测等承包单位，在建设工程项目实施过程中形成并在工程交工时移交建设单位的工程实现过程、使用功能符合要求的证据及竣工图等技术文件的统称，是建设工程文件归档的组成部分。施工过程技术文件是施工单位在建设工程项目施工过程中形成的质量管理文件、质量控制记录等技术文件的统称。除建设单位另有规定外，施工过程技术文件是不需要监理和建设单位签字确认的，由施工单位自行留存归档。

但施工单位应注意的是，交工文件的简化并不意味着施工记录的简化。按照压力管道质量管理体系运行的要求，管道施工过程的质量管理见证资料必须完备，以证实企业具有足够的压力管道安装质量保证能力。因此，对管道施工过程中用于见证过程质量控制处于受控状态的所有工程质量记录均应妥善保管，以接受压力管道安全监察部门的日常监察和压力管道安装许可证换证时的审查。

本标准第 10. 3 条对交工技术文件作了规定，其中 q)款所提的“弯管加工记录”详见本标准的附录 B。

对于可追溯管道组成件炉批号的单线图，应符合本标准第 8. 5. 18 条的要求并可追溯管道组成件炉批号的单线图。这个规定提高了对现场施工管理的要求，同时也提高了对管线施工可追溯管理的要求，引导施工单位从管道组成件的材料接收、发放与领用、预制与安装等施工全过程进行可追溯管理。